专用于国家职业技能鉴定

国家职业资格培训教程

中式烹调师

（技师技能　高级技师技能）

劳动和社会保障部
中国就业培训技术指导中心　组织编写

中国劳动社会保障出版社

图书在版编目(CIP)数据

中式烹调师:技师技能　高级技师技能/劳动和社会保障部中国就业培训技能指导中心组织编写.—北京：中国劳动社会保障出版社，2000

ISBN 7-5045-3024-7

Ⅰ.中…

Ⅱ.劳…

Ⅲ.烹饪-方法-中国-职业技能鉴定-自学参考资料

Ⅳ.TS972.117

中国版本图书馆 CIP 数据核字(2000)第 74789 号

中国劳动社会保障出版社出版发行

（北京市惠新东街 1 号　邮政编码：100029）

出 版 人：唐云岐

*

北京金明盛印刷有限公司印刷装订　新华书店经销

787 毫米×1092 毫米　16 开本　9 印张　220 千字

2001 年 4 月第 1 版　　2013 年 8 月第 11 次印刷

定价：15.00 元

读者服务部电话：010-64929211/64921644/84643933

发行部电话：010-64961894

出版社网址：http://www.class.com.cn

国家职业资格培训教程

中式烹调师　中式面点师
西式烹调师　西式面点师

编审委员会

中式烹调师技能编审人员

主　编　高　山

编　者　高　山　王瑞秋　孟祥萍　苑树堂　王国培
王新国　于　康　刘总路　恽嘉林　张　晨
于　杰　臧纯跃

审　稿　毛　坤

前　言

为推动烹调师、面点师职业培训和职业技能鉴定工作的开展，在烹饪专业从业人员中推行国家职业资格证书制度，劳动和社会保障部中国就业培训技术指导中心在完成《国家职业标准》制定工作的基础上，组织部分参加《标准》编写和审定的专家及其他有关专家，编写了中式烹调师、中式面点师、西式烹调师、西式面点师 4 个职业的《国家职业资格培训教程》。

《教程》紧贴《标准》，内容上力求体现“以职业活动为导向，以职业技能为核心”的指导思想，突出职业培训特色；结构上，《教程》是针对各职业的职业活动的领域，按照模块化的方式，分初、中、高、技师、高级技师 5 个级别进行编写的。《教程》的章对应于《标准》的“职业功能”，节对应于《标准》的“工作内容”，节中阐述的内容对应于《标准》的“技能要求”和“相关知识”等内容。针对《标准》中的“基本要求”，还专门编写了这 4 个职业共用的《烹饪基础知识》，《烹饪基础知识》包括职业道德、饮食卫生、饮食营养、成本核算、厨房安全与卫生等方面的内容，是这 4 个职业各个级别的从业必备知识。

《国家职业资格培训教程——中式烹调师（技师技能　高级技师技能）》适用于中式烹调师技师、高级技师的培训，是职业技能鉴定的指定辅导用书。

本《教程》由高山、王瑞秋、孟祥萍、苑树堂、王国培、王新国、于康、刘总路、恽嘉林、张晨、于杰、臧纯跃编写，高山主编统稿，毛坤审稿。由于时间仓促，不足之处在所难免，欢迎提出宝贵意见和建议。

劳动和社会保障部中国就业培训技术指导中心

目　录

第一部分　技师技能

第二部分　高级技师技能

第一部分 技师技能

第一章 中华饮食文化

第一节 中餐菜点风味知识

一、中餐菜点风味概述

1. 概述

中餐菜点风味是指以菜品为主体，包括面点、小吃、饮品等一系列不同风格的中式菜点体系。传统中式餐饮产品制作包括中式烹调和中式面点两大职业。它是中国食品服务行业主要分支，是世界餐饮文化重要的组成部分。

2. 中餐菜点风味特点

（1）具有色彩鲜明的民族性、地区性、家庭性。

（2）菜点花色品种繁多。

（3）选料广泛，可分为选料精细和粗犷两类，其中商品菜选料多为精细。

（4）刀法繁多，刀口多样，商品菜多为刀工精细，家庭菜则较为随意。

（5）配餐方式丰富多采手法巧妙。

（6）调味品种类广博繁多，调味方法多样。调味方法包括对流调味，扩散调味，渗透调味和化学分解调味。中国菜品调味讲究，味型丰富，本味突出，复味多样；此外调味还需因时、因地、因人、因料而异，以满足不同人群的烹调观和各种饮食需求。这体现了中餐以味为主的饮食文化的特色。

（7）精于运用火候，烹调技法细腻多样，操作规程严格，并且讲究盛装器皿。

（8）讲究菜品的食疗与养生作用，具有医食同源的特点。中餐是以五谷为养、五果为助、五畜为益、五菜为充的古代营养卫生理论为依据的。它以植物性原料为主体，以动物性原料为辅佐，符合现代营养学的基本膳食结构要求。今天，在与世界接轨的中国烹饪新的发展时期，中餐在保留传统上的养生食疗学运用的同时，正在走向以现代营养卫生学为指导的烹饪发展道路。

（9）讲究容纳百川、兼收并蓄和推陈出新，熔各民族饮食精华于一炉，善于学习借鉴外来文化并融为中餐特色，不断地发展自己，这是中国菜发展过程中的又一大特点。

总之，品尝中餐可以感受到强烈的东方文化色彩和浓郁的民族气息，以及华夏子孙们的创造精神。

3. 中餐菜点风味类别

(1) 类别分类　有菜系分类法、菜式分类法和菜种分类法。

1) 菜系分类法　菜系是中国菜肴不同风味流派的代称。菜系具有明显的地区特色或民族特色；前者称地方菜系，后者称民族菜系。各菜系特点主要表现在以下几个方面：有某些独特的烹调方法；有特殊的调味品和调味手段；有品类众多的烹调原料；有从低到高、从小吃到筵席等一系列的风味菜式。

2) 菜式分类法　菜式是指菜品分类方式。多指菜品的品种花色，包括烧烤菜式和火锅菜式等；也可指菜品的原料系列，如海鲜菜式、蔬菜菜式、花卉菜式和山珍菜式等。

3) 菜种分类法　菜种是指菜品风格结构划分的种类。包括都市菜、乡土菜、民间菜、民族菜、古代和近代宫廷菜、古代和近代官府菜、地方菜等。

(2) 划分方法　中餐菜品风味包括地方风味、民族风味和其他风味三大菜品系统。

1) 地方风味　包括城市菜风味和以省为界线划分的风味。国际上划分风味习惯以城市为界线，如巴黎风味、伦敦风味、罗马风味和多伦多风味等。

①城市风味　有北京风味、上海风味、重庆风味、广州风味、扬州风味、香港风味、澳门风味、台北风味、南京风味、杭州风味、天津风味、西安风味和沈阳风味等。

②传统风味　有山东风味、四川风味、江苏风味、浙江风味、广东风味、湖南风味、湖北风味、新疆风味、河南风味和云南风味等。

2) 民族风味　主要是指以兄弟民族饮食文化及其习俗为特色的菜品风味。

3) 其他风味　包括古代宫廷风味，古代官府风味，佛教、道教寺院（寺观）风味和民间家庭风味等。

二、都市风味菜

1. 北京风味菜

(1) 京菜的形成

京菜的起源　北京菜又称京菜、京华菜或燕京菜等。北京地处华北平原，是太行山脉和燕山山脉的交汇地带，由于受东南季风影响，北京四季分明。北京曾是六朝古都，各地进贡的贡品丰富多彩。交通四通八达，各地物产源源进入北京，这些都为京菜的形成和发展提供了丰厚的物质基础。

历史上的北京城，受草原农牧饮食文化和华北平原农耕饮食文化的影响，京菜也具有浓郁的地方风味。长期以来，北京汇集了汉、满、蒙、回等许多民族的历史灿烂文化，各民族之间的饮食文化相互渗透和相互影响，从而逐渐形成了北京菜。

(2) 京菜的发展　今天的北京，已成为国际上重要的政治、经济、文化和交通的中心大城市。随着改革开放的脚步，各地风味美馔纷纷进京，这些地方风味在一定程度上推动并促进了京菜风味的发展。在与世界各国交往中，北京更是以博大宽广的胸怀，兼收天下美食，使北京菜更为丰富多彩。

(3) 京菜的结构　北京菜是由古代宫廷菜（仿制）、古代官府菜（仿制）、庶民菜、兄弟民族菜和佛教、道教寺院（寺观）菜构成的。

1) 宫廷菜　宫廷菜无论是御厨在民间菜基础上演变发明的，还是民间菜进贡或流传入宫后加以精炼的，都是历代厨师辛勤劳动的结晶和技艺的再创造。

宫廷菜的特点是选料广泛，用料精纯，加工细腻，善于猎奇，宴乐萦绕，礼节繁缛。

古代和近代宫廷菜现代制作多为仿制，与古代制法和选料有所差别，更加符合现代人的口味需求。

2）官府菜　官府菜又称府邸菜，明清时代尤为兴旺。它是由王府、皇亲国戚、富豪商贾、文武百官，以及民国时期的社会名流、军阀官邸的家庭厨师（俗称家厨）创造的。官府菜总的特点是用料华贵，加工细腻，应时吃鲜，礼仪习俗饮食文化特色突出。

现代制作的古代和近代官府菜主要是指谭家菜和曹雪芹所著《红楼梦》中的红楼菜。

3）庶民菜　庶民菜是具有民俗风情的民间菜。它是传统北京菜的基础。民间菜的特点是乡土气息浓郁，既合乎时令又美味可口。

4）兄弟民族菜　兄弟民族菜包括清真菜、满族菜、朝鲜族菜、蒙古族菜和其他民族菜，以清真菜和满族菜为主体。

5）佛教、道教寺院菜（寺庙菜、寺观菜）　佛教、道教寺院菜是素菜中的一类，其特点是选料精致，只用蔬菜和粮食，加工精细，滋味鲜美。葱、蒜、韭菜、香菜、藠头等属荤料，佛教、道教寺院菜中一概不用。

（4）京菜的特点

1）精于选料，调配和谐，讲究时令，菜式齐全。

2）烹调细腻，方法多样，以爆、烤、涮、炮（bāo）、溜、炒、扒、烧、烩、炸、拔丝蜜汁等见长；以酱、卤、拌、腌、炝等为特色。

3）口味鲜、脆、嫩，或软烂、酥香；调味方法齐全，味型多样。

4）讲究刀工、火工，讲究制汤，汤浓味足，形质并重。

5）营养平衡，重视食疗。

6）筵宴品位高，服务上乘，文化底蕴深，厨师文化素质高，也善于继承、发展与创新。

（5）京菜的代表菜　有北京烤鸭、涮羊肉、烤肉、拔丝山药、坛子肉、炒麻豆腐、黄焖鱼翅、芫爆肚丝、菊花锅子、桃花泛、三不粘、水晶肘子、烤乳猪等。

2. 上海风味菜

（1）上海风味菜的形成　上海菜又叫沪菜和海派菜。上海位于我国大陆东部海岸的长江入海口处，是贯穿东西南北航线的中枢，也是我国重要的工业基地，气候温和，物产丰富。上海人利用本地特有的环境和物质资源，经过长期的实践，创造出丰富多彩的海派名菜。

上海菜起源于清代中叶的浦江平原，历史上受东西南北15个帮口和西餐的影响，与上海本帮菜相结合，到了本世纪40年代左右形成了独具一格的海派菜。15帮口是：京、广、川、扬、苏、锡、豫、闽、徽、湘、杭、宁、鲁、清真、素菜。

（2）上海菜的风味特点

1）具有多样性、传统性和适应性的特征。既包括本地风味的传统菜，又汇集、变革了各地方的风味菜。

2）具有崇新、华彩和秀美的艺术风韵。

3）选料注重活生时鲜，精于红烧、生煸和糟炸。

4）油浓、酱赤、汤醇、卤厚，糖重色艳，鲜香适口。现代的上海菜则为清淡素雅，口味时尚。

5）文化品味高，富于时代气息，有着“大上海”的都市风范。

(3) 上海菜的代表菜有生煸草头（金花菜）、糟猪脚、干烧四季豆、扣三丝、大汤黄鱼、网油包鹅肝、杨梅虾球、竹笋腌鲜、油酱毛蟹、真如羊肉等。

3. 重庆风味菜

(1) 重庆风味菜的形成　重庆位于长江和嘉陵江的交汇处，具有3 000多年的历史。重庆菜是四川菜的代表之一，属四川河帮菜中的下河帮菜，是四川菜的精华。

(2) 重庆风味菜的特点

1）民间风味尤为浓郁，在川菜中口味较为浓厚，以味多广厚著称，有七味八滋之说。

2）用料讲究，做法新颖。许多传统菜在民间流传至今。

3）勇于创新，勇于实践。

(3) 重庆风味菜的代表菜有重庆辣子鸡、山城毛血旺、酸菜鱼、豆花、竹筒和火锅系列等。

4. 香港风味菜

(1) 香港风味菜的形成与发展。香港是东方璀璨的明珠，美食的天堂。香港饮食文化，深受中国饮食文化影响。香港菜的母系为粤菜，具有博采众长、自成一格以及善变和求新的特点。

香港菜经历了清末的初期开埠萌芽阶段和20世纪初期的稳步发展阶段。从抗日战争时期到50年代初期，战乱使一批上海厨师来到香港，港地一时盛行海派菜，这对港菜的发展起了相当大的推动作用。自70年代起香港经济全面复苏，独特的环境使香港中西饮食文化日益交融。所吸收的各国饮食文化之精华，对港菜的繁荣与发展发挥了巨大的作用。1997年香港回归祖国，香港烹饪界进入了一个更加繁荣的发展时期。

(2) 香港菜的特点

1）以中餐为主流，以传统厨艺为基础，以中西合璧、色彩浓郁为特色，将世界各地饮食原料引入其菜品中，并取其精华，讲究味与视觉的享受。

2）讲究装饰，善用调味汁液。

3）讲求食疗作用，注重饮食与健康的关系。

4）善于学习、交流与创新。

5）注重生、活、鲜，口味清淡，调味方式与烹调方法自成体系。

(3) 香港风味代表菜　有香芋滑鸡煲、茄汁石斑鱼、香菠咕噜肉、京都焗排骨、刺身大龙虾等。

三、地方风味菜

1. 四川风味菜（长江中上游流域文化）

(1) 四川风味菜的形成　四川菜又称川菜、巴蜀风味或天府风味，是西南地区肴馔的典型代表。山岳深丘地区多产银耳、虫草、竹荪等山珍，这为烹饪业发展提供了丰富的资源条件。

四川风味具有典型的内陆特色，发源于古代的巴国和蜀国。秦汉以来，形成了初期川菜的轮廓。汉代张骞出使西域，引进了胡瓜、胡豆、大蒜等，这丰富了烹饪原料，饮食业也相应发展。隋唐五代时期，宫廷盛行“船宴”。到了两宋时期，在奇色美景之地举行游宴，使川味跨越了巴蜀疆界，使“尚滋味、好辛香”的巴蜀风味进入京都。明末清初，辣椒传入我国，四川风味开始使用辣椒增加辛香。

(2) 四川风味菜的构成　四川菜以巴蜀饮食文化为主要特征；以成都为代表的传统川菜（上河帮），以重庆为代表的创新川菜（下河帮），以及以自贡、乐山、江津、合川等地为代表的民间川菜（小河帮）共同构成了四川风味。

从菜式上看，川菜又是由高级筵席菜式、三蒸九扣菜式、大众便餐菜式、家常便餐菜式和民间小吃菜式构成的。

(3) 四川风味菜的特点

1）川菜的最大特点是十分注重调味。口味多样，清鲜醇浓，麻辣辛香，一菜一格，百菜百味。

①调味品复杂多样，讲究川料川味，多用三椒（花椒、胡椒、辣椒）、姜、葱、蒜、豆瓣、香糟、豆豉等。

②以多层次、递增式调味方法见长。传统的川菜炒菜不过油，以卧油炒为主，下料狠、味道浓，民间乡土特色浓郁。

③味型多。味多、味广、味厚素为川菜的特色。常用味型就有20多种，其中以鱼香、怪味、麻辣、家常、红油为特有的味型。筵席菜以清鲜为主；田席菜（农村普通席）则就地取材，菜重肥美，朴素实惠；大众菜以家常厚味居多。

2）烹调手法上擅长小炒、小煎、干烧、干煸。川菜炒菜不过油，不换锅，芡汁现炒现兑，急火快炒，一锅成菜。干烧菜则微火慢烧，用汤恰当，自然收汁，成汁浓，油亮，味醇而鲜。

3）四川风味代表菜　有干煸牛肉丝、水煮牛肉、宫保鸡丁、麻婆豆腐、酸菜鱼、蒜泥白肉、鱼香肉丝、毛血旺、家常海参、回锅肉、毛肚火锅、小煎鸡、甜烧白、灯影牛肉、夫妻肺片（费片）、歌乐山辣子鸡等。

2. 广东风味菜（珠江流域文化）

(1) 广东风味菜的形成　广东风味菜又称粤菜。广东地处东南沿海，气候温和物产丰富。古代聚居于广东一带的百粤族善渔农、尚杂食。秦汉以后受到中原文化的影响，杂食之法更加发展完善。汉魏之时，蛇肴、烧鹅和鱼生等享誉全国。在此之后，先后有大批中原人迁徙至广东，将不同时期的北方饮食文化和吴越饮食文化传入岭南，这些文化与当地的岭南饮食文化结合，逐步形成了粤菜风味。近代的粤菜又吸取西餐技艺并将其融会贯通，逐渐形成具有鲜明特色的南国风味菜。近年来，广东菜在传统的基础上得到发展，新派粤菜风靡全国。

(2) 广东风味菜的构成　粤菜商业饮食文化气息浓郁，由广州菜、东江菜和潮州菜三个地方菜组成。

1）广州菜　广州菜是珠江三角洲各市县的风味菜组成的菜肴。其用料精细，富于变化，擅用调味料。广州菜的重要组成之一为顺德菜，它擅长河鲜烹制。广州菜重视饮食文化，并不断创新。

2）潮州菜　包括汕头、潮州、普宁等地的菜肴。潮州菜水产类品种多样，素菜依时而变，甜品菜多，酱碟佐料多，喜制卤品，刀工、火工精湛考究。

3）东江菜　东江菜又称客家菜。客家人居住在广东东部山区，是古代中原迁徙南来的汉人后裔。东江菜口味咸、酸、辣，油重味浓，乡土气息浓郁，保持了古代北方菜的特点。

(3) 广东风味菜的特点

1）选料广泛　广博奇异，善用生猛海鲜，广东菜取料之广为全国各菜系之最，不问鸟兽虫蛇无不食之。在动物性原料方面，除了常用的鸡、鸭、鱼、虾、猪、牛、羊外，还善用蛇、狗、鼠等许多动物。潮州菜以用海鲜最为见长。

2）刀工干练　以生猛海鲜类的活杀活宰最为见长。技法上注重朴实自然，不像其他菜刀工细腻。

3）清淡爽口　以爽、脆、鲜、嫩、滑、香为特色，讲究清中求鲜，淡中求美，并随季节变化而变化。此外，口味也有以咸、酸、辣为特色的民间风味。

4）烹调方法、调味方式自成体系　广东菜的许多烹调方法都源于北方或西洋，经不断改进而形成了一整套不同于其他菜的烹调体系。烹调方法多用煎、炒、扒、煲、焗、炖、炆、炸、焾等（炆：广东行业方言，同北方焖、㸆近似）。

5）调味品多用老抽、喼汁、柠檬汁、豉汁、OK汁、蚝油、海鲜酱、沙茶酱、鱼露、栗子粉、吉士粉、嫩肉粉、黄油等。

6）讲究煲汤，讲镬气（镬气：广东对火候的称谓，为广东方言）。

7）菜肴名称多以五字冠名。

（4）广东风味代表菜　有东江盐焗鸡、西柠煎软鸡、梅菜扣猪肉、铁板煎牛柳、白灼基围虾、八珍扒大鸭、脆皮烤乳猪、豉汁茄子煲、蚝油扒生菜、潮州白鳝煲、清蒸大鲩鱼等。

3. 山东风味菜（黄河中下游流域文化）

（1）山东风味菜的形成　山东菜又称鲁菜，齐鲁风味。山东位于黄河下游，地处胶东半岛,延伸于渤海与黄河之间。全省气候适宜，物产丰富，沿海一带盛产海产品，内陆的家畜、家禽以及菜、果、淡水鱼等品种繁多，分布很广。山东的蔬菜种类繁多，同乌克兰和美国的加利福尼亚州被并称为“世界三大菜园”。山东的丰富物产为发展烹饪事业提供了取之不尽、用之不竭的物质资源，山东人民创造了较高的烹饪技术。

山东菜起源于春秋时期的齐国和鲁国，从鲁西北平原向胶州湾推进，并且拓展到鲁中南低山丘陵地带。南北朝时期，北魏高阳太守贾思勰所撰的《齐民要术》中表述了当时以山东菜为主体的北方菜肴已经达到了较高的水平。北宋时期，我国分为南食、北食，山东菜是北食的代表。明清时期，山东菜已经自成体系。

（2）山东风味菜的构成　山东菜以内陆的济南菜、沿海的胶东菜为主，此外还有孔府风味的官府菜。

1）济南菜　济南菜指济南、德州、泰安一带的菜肴。济南的传统菜素以清汤、奶汤著称，清汤色清而鲜，奶汤色白而醇。口味以鲜咸浓郁为主。烹调手法上擅长爆、炒、烧、扒、炸，菜品突出清、鲜、脆、嫩。

2）胶东菜　胶东菜以烹制各种海鲜菜驰名，起源于福山菜，包括青岛、烟台等沿海城市的菜肴。擅长炒、爆、炸、扒、烧、蒸等，口味以鲜为主，偏重清淡，注意保持主料的鲜味。

3）孔府菜　孔府又称衍圣公府，是孔子后裔的府第。当年孔子精于饮食之道，其后裔皆谨遵“食不厌精、脍不厌细”的祖训。孔府完备的厨房分工精细，管理严格，这对孔府菜的形成和发展起了重要的作用。孔府菜具有典雅的儒家学派膳食特色，重礼制，讲排场，追逐华贵；用料精细，工艺考究，善于调味，讲究盛器；烹调技法全面，制作程式复杂；席面陈设雅致端庄，多姿多彩；菜品色彩绚丽、鲜香适口。

（3）山东风味菜的特点　山东菜注重突出菜肴的原味，内地以咸为主，沿海以鲜咸为特色。口味纯正，葱香突出，注重火工，善于制汤、用汤；装盘丰满，朴实大方、醇厚。

（4）山东风味菜的代表菜　有蟹黄海参、干炸赤鳞鱼、菊花全蝎、山东蒸丸、九转大肠、福山烧鸡、鸡丝蜇头、清蒸加吉鱼、醋椒鳜鱼、奶汤蒲菜等。孔府菜的代表有：带子上朝、雪丽琥珀、一品锅、诗礼银杏等。

4. 江苏风味菜（江淮流域文化）

(1) 江苏风味菜的形成　江苏菜又称京苏大菜、苏菜或下江风味。江苏东滨大海，西拥洪泽，南临太湖，长江横贯于中部，运河纵流于南北，境内有蛛网般的港汊、串珠似的淀泊，加以寒暖适宜，土壤肥沃，素有“鱼米之乡”之称。“春有刀鲚夏有鲥，秋有肥鸭冬有蔬”，一年四季，水产禽蔬联翩上市。富饶的物产为江苏菜的形成提供了优越的物质条件。

江苏菜起源于春秋时期的吴国，现今的苏南平原，后向苏北的黄淮平原和徐海丘陵拓展。唐代，南京、扬州的外国人甚多，波斯大食国（阿拉伯帝国）的清真胡食进入江苏。到了宋代，江苏风味发生变化，大批中原士族南迁，中原风味融于江苏。明清时期，特别是清代，蒙食、满食进一步融入汉食，秦淮河出现了船菜、船点。《随园食单》就反映了当时江苏风味的文化成就，并对江苏风味起着承前启后的作用。历代劳动人民的努力，造就了具有江南特色的江苏风味。

(2) 江苏风味菜的构成　江苏风味主要由淮扬、金陵、苏锡、徐海四个地方菜构成，以淮扬为代表；其影响遍及长江中下游广大地区。

1) 淮扬风味　淮扬风味以扬州、两淮（淮安、淮阴）为中心，以大运河为主干，南起镇江，北至洪泽湖周边，东含里下河并及于沿海。这里水网交织，江河湖泊所出甚丰，肴馔以清淡见长，味和南北。其中扬州刀工为全国之冠，两淮的鳝鱼菜品丰富多彩，镇江三鱼（鲥鱼、刀鲚、鮰鱼）驰名天下。

2) 金陵风味　又称京苏菜，是指以南京为中心的地方风味。南京菜兼取四方之美，适应八方之需，以松鼠鱼、蛋烧卖、美人肝、凤尾虾四大名菜以及盐水鸭、卤鸭肫肝、鸭血肠为代表。

3) 苏锡风味　苏锡风味以苏州、无锡为代表。传统上重甜出头、咸收口，浓油赤酱。近代逐渐趋向清新爽适，浓淡相宜。松鼠鳜鱼、碧螺虾仁、鸡茸蛋、常熟叫化鸡等都是脍炙人口的美味佳肴。

4) 徐海风味　徐海风味以徐州、连云港一带为代表，以鲜咸为主，五味兼蓄，风格淳朴，注重实惠。

(3) 江苏风味菜的特点

1) 用料以水鲜为主，刀工精细，注重火候，擅长炖、焖、爊、焖等。

2) 追求本味，清鲜适宜，咸甜醇正。

3) 菜品雅丽，形质兼美，软烂脱骨而不失其形，滑嫩爽脆而益显其味。

(4) 江苏风味菜的代表菜　有软兜长鱼、水晶肴蹄、拆烩大鱼头、清蒸鲥鱼、野鸭菜饭、银芽鸡丝、鸡火煮干丝、清炖蟹粉狮子头、双皮刀鱼等。

5. 浙江风味菜

(1) 浙江风味菜的形成　浙江风味菜又叫浙菜、钱塘风味，是宋代“南食”的主体。浙江位于东海之滨，北部水道成网，素称鱼米之乡；西南丘陵起伏，盛产山珍；沿海渔场密布，海产资源丰富。浙江人民利用这些富饶的自然资源，创制出许多深受人们喜爱的名菜。

浙江菜起源于春秋时期的越国，活动中心在杭州湾沿岸，从杭嘉湖平原向浙西南山区和东海滩涂辐射。宋代时期，中国经济文化重心从北方移向南方，随宋王朝迁都临安（今杭州），先进的北方文化南移，大批名厨南下，这与南方得天独厚的自然条件相结合，使浙江菜不断发展起来。

（2）浙江风味菜的构成　浙江菜由杭州、宁波、绍兴三个地方菜组成，其中以杭州菜为代表。

1）杭州菜　杭州菜制作精细，变化多，以爆、炒、烩、炸为主。

2）宁波菜　宁波菜鲜咸合一，以蒸、烤、炖见长，讲究鲜嫩软滑，注重保持原味。

3）绍兴菜　绍兴菜擅长烹制河鲜，入口香酥绵糯，汤鲜味浓，富有乡土气息。

（3）浙江风味菜的特点

1）选料苛求细、特、鲜、嫩。

第一，选料精细，取物料精细部分使菜品达到高雅上乘。

第二，菜肴具有明显的地方特色，多用地方特产。

第三，讲究鲜活，菜品味道纯真。

第四，追求鲜嫩，菜肴清鲜爽脆。

2）烹调方法上。以南菜北烹、南料北法为其长；口味以清鲜脆嫩、咸鲜合一为特色；调味上善用料酒、葱、姜、糖、醋等。

3）形态讲究精巧细腻，清香雅丽。许多菜品都富有美丽的传说，文化色彩浓郁。

（4）浙江风味菜的代表菜　有西湖醋鱼、干炸响铃、雪菜黄鱼、东坡肉、清汤越鸡、鲈莼羹、叫化鸡、生爆鳝片、龙井虾仁、南湖蟹粉等。

6. 湖南风味菜

（1）湖南风味菜的形成　湖南菜又叫湘菜、潇湘风味，随楚文化的昌盛而兴盛。湖南位于中南地区，气候温暖，雨量充沛。湘、资、沅、澧四水流经，自然条件优越。湘西多山，盛产笋、蕈和山珍；湘东南为丘陵和盆地，农牧副渔发达；湘北是著名的洞庭湖平原，素称鱼米之乡。湖南人民利用本地资源创造出了一系列的湖南名菜。

湖南菜起源于春秋时期的楚国，以古长沙为中心，遍及三湘四水，延展到洞庭湖区和武陵山区域。

（2）湖南风味菜的构成　湖南菜由湘中湘南地区、洞庭湖区和湘西山区三种地方风味组成。湘中湘南地区的菜以长沙、湘潭、衡阳为中心，是湖南菜的主要代表。

（3）湖南风味菜的特点

1）刀工精细，形态俊美，菜肴千姿百态，变化无穷。

2）调味上以酸辣著称。讲究原料的入味，调味工艺随原料质地而异。口味上以辣为主，酸寓其中。善于用菜油是湖南传统菜的一大特色。

3）技法多样，尤重煨、㸆。因重浓郁口味，所以煨、㸆居多。其他烹调方法，如炒、炸、蒸、腊等也为湖南菜所常用。

（4）湖南风味菜的代表菜有腊味合蒸、东安子鸡、酱汁肘子、麻辣子鸡、冰糖湘莲、荷叶软蒸鱼、油辣冬笋尖、湘西酸肉、红烧全狗、菊花鱿鱼等。

7. 福建风味菜

（1）福建风味菜的形成　福建风味菜又称闽菜、八闽风味，在台胞和华侨中声誉很高。福建位于我国东南部，东际大海，西北负山，气候温和。丰富的山珍、水产资源，为福建菜提供了良好的物质条件。

福建菜起源于秦汉时期的闽江流域，以闽侯县为中心，并且向闽西东山区、四大平原、沿海滩涂和岛屿传播。

（2）福建风味菜的构成　福建菜由福州、闽南、闽西三种不同的风味构成。以福州菜为代表。

1）福州菜　福州菜主要指闽中地区菜，包括福州、三明、南平等地。福州菜清鲜、淡爽、偏于甜酸。讲究调汤，汤鲜味美，汤种多样。调味上善于用红糟，有煎糟、红糟、炆糟、醉糟等多种烹调方法（炆 gàng：福建行话方言，其法为用小火对原料慢慢煮制）。

2）闽南菜　闽南地区海岸线长，海产品丰富，气候湿润，是一年三熟的水果之乡。闽南菜鲜醇、香嫩、清淡，讲究调料，以善于用甜辣著称，多用辣椒酱、沙茶酱、芥末酱，尤以用沙茶酱烹制的菜品，饶有风味。

3）闽西菜　闽西主要指龙岩地区，该地区青山连绵，丘陵起伏，溪涧纵横，池塘密布，民勤物丰。菜品以鲜、润、浓、香、醇为特色，口味偏咸辣，乡土风味浓郁。

（3）福建风味菜的特点

1）以擅制山珍海味著称，尤以烹制海鲜佳肴见长。在色香味形兼顾的前提下，以味为纲，具有淡雅、鲜嫩、隽永的风味特色。

2）刀工巧妙，寓趣于味。

3）调味奇特，别具一格。

4）烹调细腻，雅致大方。烹调方法不局限于熘、爆、炸、焖、汆、焗，尤以炒、爆、煨等技术著称。

5）选料精细，泡发恰当，调味精确，制汤考究，火候适宜。

（4）福建风味菜的代表菜　有佛跳墙、太极明虾、小糟鸡丁、白炒鲜竹蛏、生炒黄螺片、炒西施舌、炆糟羊肉、煎糟鳗鱼等。

8. 安徽风味菜

（1）安徽风味菜的形成　安徽菜又称徽菜、徽皖风味，因商而彰，播及三江五湖。安徽位于华东的西北部，境内平原、丘陵、山峦俱全，长江、淮河横贯全省，支流与湖泊交织。土地肥沃、物产富饶，这为安徽菜的形成奠定了物质基础。

安徽菜起源于汉魏时期的歙州，中心在歙县、屯溪和绩溪一带，后向淮北平原、大别山地区、淮南丘陵和皖南山区拓展。明清时，随着徽商的足迹流传到南北都市，这促进了徽菜的发展。

（2）安徽风味菜的构成　安徽菜以皖南、沿江和沿淮三种地方风味构成，以皖南菜为代表。

1）皖南菜　皖南菜向以烹制山珍海味而著称，擅长炖、烧，讲究火功，芡大油重，朴素实惠。善于保持原汁原味，不少菜用木炭制成炭基长时间地用小火炖、㸆，因而汤汁清纯，味道醇厚，原锅上桌，香气四溢。

2）沿江菜　沿江菜以芜湖、安庆地区为代表，以烹调河鲜、家禽见长。讲究刀工，注重形、色，善于用糖调味，尤其以烟熏技术别具一格。

3）沿淮菜　沿淮菜主要由蚌埠、宿县、阜阳等地方风味构成，一般咸中带辣，汤汁口重、色浓。

（3）安徽风味菜的特点

1）就地取材，选料严谨，原料立足于新鲜活嫩。

2）巧妙用火，功夫独特。以重色、重油、重火工为特色。

3）擅长烧、炖，浓淡适宜。

4）讲究食补，以食养身。

（4）安徽风味菜的代表菜　有问政山笋、黄山炖鸽、腌鲜鳜鱼、毛峰熏鲥鱼、符离集烧鸡、奶汁肥王鱼、葡萄鱼、石耳炖鸡、葛粉丸子等。

四、兄弟民族菜

1. 兄弟民族菜的特点

兄弟民族菜是除汉族以外的55个少数民族的风味菜总称。它是中国菜的重要组成部分，为中式菜点的重要组成部分。兄弟民族菜具有以下特点：

（1）取料独特各具风格，如藏族巧用青稞，高山族喜食兽肉、鱼鲜和山菜以及米、豆、薯芋等。

（2）食品选用各有禁忌，如壮族忌牛，高山族忌羊，满族忌狗等。

（3）烹调工艺各有所长，如朝鲜族善于用木臼砸制糕团，佤族习惯用竹筒做饭等。

（4）食器饮具奇特简便，如蒙古族将羊皮铺在草地上当面案，傣族常用大芭蕉叶替代桌布等。

（5）饮品汤汁千姿百态，如土家族的油茶汤需用10多种原料调制，壮族的酒多用鸡肝、猪肝泡成等。

（6）口味各异：对于同一菜品，烹调方法各异，如手抓羊肉，蒙古族、藏族、维吾尔族、回族等，在制法上均有不同，火候、调味各异。

（7）民风食俗别具一格，如仫佬族姑娘回娘家，必以一袋虫子作为礼品等。

（8）宴宾待客礼节风情不一，如彝族认为“人错是酒错，人和是酒和，喝了转转酒，永远是朋友”等。

2. 兄弟民族的代表菜点

1）满族有白肉血肠酸菜、酸汤子等。

2）朝鲜族有冷面、打糕、泡菜等。

3）赫哲族有杀生鱼、炒鱼毛等。

4）蒙古族有手把羊肉、整羊席和烤羊腿等。

5）达斡尔族有小鸡煮荞麦面、菜末等

6）鄂温克族有羔羊撒花、野果酱等。

7）鄂伦春族有生吃肝、清炖鱼加柳蒿等。

8）回族有甜咸卷果（裹）、肉粥、手抓羊肉、馓子等。

9）东乡族有麦索、罗波弱等。

10）土族有荨麻卷饼、油炸盒子等。

11）撒拉族有油搅团、茯茶等。

12）保安族有烤羊肉、羊羔肉等。

13）裕固族有支果干、肉肠等。

14）维吾尔族有烤羊肉串、烤全羊、手抓饭、烤囊、炒面片等。

15）哈萨克族有那仁、金特、手抓饭等。
16）柯尔克孜族有卡山夹干、薄皮羊肉包子等。
17）锡伯族有腊鱼肉、南瓜饺子等。
18）塔吉克族有牛奶煮烤饼、卡德那摩等。
19）乌孜别克族有米肠子、面肺子等。
20）俄罗斯族有腌酸菜、苏波汤等。
21）塔塔尔族有古拜底埃、伊特白里西等。
22）藏族有酥油茶、苏花、吹肝、夏河蹄筋等。
23）门巴族有薄石板烙荞饼、鸡爪谷糊粥等。
24）珞巴族有炒鸡、风干牛肉等。
25）羌族有熏猪膘、面蒸蒸等。
26）彝族有砣砣肉、三鲜烩乳饼等。
27）白族有乳扇、生皮等。
28）哈尼族有阿压乌捏（白旺）、阿罗哦切（暴腌芭蕉心）等。
29）傣族有竹香饭、象耳糍粑、香茅草烤鸡、炸牛皮等。
30）傈僳族有麻籽茶、捏酒等。
31）佤族有鸡肉烂饭、鼠干等。
32）拉祜族有芭蕉叶包份子肉、白鸡肉熬稀饭等。
33）纳西族有仕布、麻补等。
34）景颇族有螺蛳汤、春菜等。
35）布朗族有时鲜鱼汤、油炸蜘蛛、蝉酱等。
36）阿昌族有过手米线、全鸡席等。
37）普米族有琵琶肉、猪骨汤等。
38）怒族有侠辣、石板粑粑等。
39）德昂族有姜叶炖鱼、春米饭等。
40）独龙族有石板烙蛋、河麻芋头等。
41）基诺族有蚂蚁蛋、松鼠干汤等。
42）苗族有白水鱼、辣椒骨等。
43）布依族有独山盐酸菜、油团粑等。
44）侗族有白糍、传情粑等。
45）仡佬族有油炸蝗虫、炒蝶蛹等。
46）壮族有盐凤肝、壮家酥鸡花糯米饭等。
47）瑶族有酢（鲊）、荞粑等。
48）仫佬族有牛舌粑、酸苕头等。
49）毛南族有蒸甜薯、涮菜牛等。
50）京族有鲶汁（鱼露）、煮鱼等。
51）土家族有坨坨肉、断桥青酸菜等。
52）黎族有腩杀、腌生鱼等。
53）畲族有乌饭团、炒黄豆等。

54）高山族有长年菜、烤肉等。

55）水族有鱼火锅、韭菜酿鱼等。

五、清真风味菜

中国的清真菜是既有伊斯兰色彩，又具有中国各地饮食风格的回族、维吾尔族等10个少数民族的民族风味菜。

中国信仰伊斯兰教的10个民族是：回族、维吾尔族、哈萨克族、塔吉克族、柯尔克孜族、乌孜别克族、塔塔尔族、撒拉族、东乡族和保安族。

1. 清真风味菜的形成　清真菜起源于唐代。早期传入我国的清真菜，主要是由阿拉伯人和后来逐渐形成的回族人经营的，有三种形式：清真寺院菜（教席菜）、民间菜、小型商业菜。早期清真菜的特点是保持阿拉伯饮食文化的风貌，选料上多用羊肉、洋葱、胡萝卜、胡椒面、杏仁粉、盐等，不喜用酱油；口味上以辣、甜、咸、酸为特色；工艺上以烤、炸、煮见长。

2. 清真风味菜的构成　长期以来，中国各地信仰伊斯兰教的民族和当地的汉族及其他民族交错居住在一起，互相影响、互相学习，逐渐形成不同风味的清真菜。

（1）从信仰伊斯兰教的民族上划分，清真菜分为10个不同的民族菜。

（2）从信仰伊斯兰教的人民居住地区划分，清真菜分为：西北地区，即新疆、宁夏地区的清真菜，保留了较多的阿拉伯饮食特色，以炸、煮、烤制作为多，口味浓厚；长江以北以北京和天津地区为代表的清真菜，烹调方法精细，该地厨师擅制牛羊驼、鸡鸭鹅等菜，菜品精致，种类繁多，烹调最具特色；杂居在南方各省以及沿海地区的回族清真菜，口味清淡，该地厨师以禽类海鲜河鲜烹调最为拿手。

3. 清真风味菜的特点

（1）选料以伊斯兰饮食风俗为基础，善于以牛、羊、驼、鸡、鸭、鹅、蔬菜、水果、米面为原料制作菜点。忌食猪肉，忌食自死物，不食非伊斯兰方式宰杀的牛、羊等动物，不食动物的鲜血等。但信仰伊斯兰教的10个民族略有差别，如维吾尔族不食骆驼，哈萨克族与乌孜别克族则不忌食马肉等。

（2）口味特点既有浓郁味厚的菜品，又有清淡、爽口、鲜嫩的佳肴，干、香、酥、脆、软、嫩、黏等风味俱佳。

（3）在烹调方法上，北京地区以爆、炮（bāo）、烤、涮、炒、烧、扒等见长；西北地区擅烤、煮、炸等；南方则以烧、炒、炖、烤等为多。

（4）善于学习、借鉴兄弟民族和其他帮派的饮食精华。各地清真菜均已融入本地风味之中，但还保持着自己的风味特点。

4. 清真风味菜的代表菜　有炮（bāo）糊、新疆炮（bāo）肉、山东炮（bāo）肉丁、鸡茸鱼肚、玉米全烩、湖南发丝百页、炮（bāo）羊肉、烤全羊、红烧牛尾、安徽炸牛肉、盐（芫）爆散丹、宁夏锅盔夹牛肉以及清真全羊席菜等。

六、素菜风味体系

素菜是以时鲜蔬菜、瓜果、豆腐、豆制品、面筋和笋菌类为原料，用植物油精工烹制的素食佳肴，风味别致。

1. 素菜风味体系的形成

素菜起源于古代以植物性食品为主体的膳食结构。而宫廷素菜产生于西周、春秋时期，为祭祀先人，上流社会逐渐有了食素的习俗。在佛教传入我国之前，中国素菜已存在几千年。虽然汉代佛教并没有食素的规定，但是到了南北朝时期，梁武帝萧衍提出了僧人居士终身食素、戒杀、放生的教律。此后各种类型的中国素菜相继发展，不断完善。

2. 素菜风味体系的构成

素菜风味体系是由佛教、道教寺院菜，宫廷素菜，商业素菜和民间素菜构成的。

3. 素菜风味体系的特点

(1) 选料严谨　一般情况下，凡是植物性原料通属素菜原料。但是，在佛教和道教中也忌用植物性荤料：原则上讲，凡是刺激性辛味植物均属植物性荤料。如佛家的《梵纲经》明确规定“佛子不得食五辛：大蒜、茖（gé）（又称茖葱）、慈葱、兰葱、兴渠五种。”佛门中一派《天台戒蔬》讲：“旧云，五辛谓蒜、慈葱、兴渠、韭、薤（藠头）。”；五辛也称五荤。道教讲韭、蒜、葱、芸薹（油菜）、胡荽（香菜）不能吃，道教中一派讲，小蒜、大蒜、芸薹、薤、胡荽为五荤。

(2) 刀工精细　其中商业素菜讲究以素托荤、形荤实素、味似荤而料素，有“鸡”吃丝、“鸭”吃块、“肉”吃片、“鱼”吃段之说。但佛教、道教寺院菜不能出现荤名、荤形、荤味，多以几何图形加工菜肴。

(3) 烹制考究　集各地方菜之长，善于借鉴、学习各种风味之所长。

4. 素菜风味体系的代表菜

有北京广济寺名菜烤菜花，江南寺院名菜象牙雪笋，扬州大明寺名菜扬州干丝，承德普宁寺名菜板栗烧菜心，上海静安寺名菜火烧赤壁等；其他素菜有香椿鱼、素火腿、烧二冬、清炒仙人掌、山杞云翠等。

第二节　兄弟民族传统饮食

中华民族是由多个兄弟民族组成的民族大家庭，在饮食文化方面，风情各异的兄弟民族饮食，构成了中华饮食的博大恢宏、绚丽多彩的文化特征。

一、兄弟民族传统饮食概况

1. 高山族饮食

高山族同胞主要居住在我国台湾省的东南部，人口有60多万。大米和薯类是其最主要的食物，他们在口味上喜爱厚重的咸鲜酸甜，尤其喜欢食用鲜姜或用鲜姜做成的饮料。爱吃腌制的牛肉、猪肉、鱼肉、鸡肉及野味食物；不吃猫肉、蛇肉、狗肉和鱼头，认为吃鱼头是不吉利的。擅长使用香蕉、芭蕉的树叶包裹糯米和肉食、花生蒸制黏糕和糍粑，爱喝咂酒（用糯米和小米酿制的米酒），石板烤鱼是其代表性的食物。高山族同胞没有饮茶的习惯。

2. 朝鲜族饮食

朝鲜族同胞主要居住在我国东北部地区的吉林省延边自治州，人口有200多万。大米是其最重要的食物，用大米加工的糕饼、面条、打糕是朝鲜族同胞节日餐桌上以及相互馈赠的食物。在口味上喜爱厚重的咸鲜酸辣，尤其喜用黄豆酱、大蒜、蒿子杆、芝麻、大葱、姜、辣椒调味。爱吃牛肉、狗肉、鱼肉、蔬菜，擅长用大白菜、萝卜腌制味美脆嫩的泡菜。烹调方法主要是烤、煮、煎、拌、腌泡。日常饮食几乎没有发面食物，不喜欢肥腻油大的炸制食物，爱喝大麦茶，白米饭、大酱汤、烤肉、冷面、泡菜、煎饼、打糕是其最有代表性的民族传统食物。基于农耕的缘故，早餐是最重要的。

3. 满族饮食

满族同胞主要居住在我国华北、东北地区的吉林省、辽宁省、北京市、河北省，人口有1 000多万。日常特别喜食猪肉，冬季喜食酸菜，爱吃粉皮、粉条、拉皮。用五花猪肉煮制的白肉为五福肉，冬季里酸菜白肉火锅是其最有民族特色的食物，血肠、饽饽也是满族同胞喜爱的食物，萨其玛是其传统的甜点。此外，满族同胞有不食狗肉习俗。

4. 蒙古族饮食

蒙古族同胞主要居住在我国北部、东北部、西北部地区的内蒙古自治区、青海省、黑龙江省，人口有500多万，主要从事畜牧业。饮食生活讲究红食和白食，红食主要指肉类食品，白食主要是指奶食品。粮食品种主要有小麦、油麦、小米。牛羊肉及奶制品、烤全羊、烤羊腿、手把羊肉、大炸羊、蒙古包子、蒙古馅饼等是蒙古族同胞的传统食物。烹调方法注重炖煮与烧烤。蒙古族同胞每天都离不开茶，奶茶是其传统饮食的一部分，在红白食物之间，炒米是其主要的食品，既可干食也可泡奶食用。在蒙古族同胞的餐饮中有满茶满酒为敬的待客习惯，无茶无酒则为不敬，这与汉族兄弟酒满茶半的待客礼节有所不同。蒙古族同胞不食狗肉，因为狗是牧人最好的朋友。

5. 回族饮食

回族同胞主要居住在我国西部地区的宁夏回族自治区、新疆维吾尔族自治区、北京市、河北省等省市区，人口有900多万。由于宗教文化的影响，回族同胞的日常饮食具有典型的伊斯兰清真风格,在饮食生活中食用的陆生畜类动物均为反刍动物（如牛、羊、驼）；禽类均为带嗉子的动物，如鸡、鸭、鹅；鱼类有黄鱼、鲤鱼、草鱼等。禁忌为，不食猪、骡、驴、狗、蛇、元鱼等各种凶猛丑陋的动物，不饮酒，不食自死动物，不食未按伊斯兰教教规屠宰的畜禽动物，不食动物的血液等。回族兄弟在餐桌上则是以茶代酒，用右手倒茶，双手递茶以示敬意。代表食物有烩羊杂碎、烤羊肉、炮糊、馓子、油香、艾窝窝、它似蜜、卷果（裹）、肉粥、手抓羊肉、爆肚等。传统的民族节日为开斋节（肉孜节）、古尔邦节（宰牲节）和圣纪节（圣会）。

6. 维吾尔族饮食

维吾尔族同胞主要居住在我国西部地区的新疆维吾尔族自治区，人口有800多万，主要从事农牧养殖业。饮食生活有着浓重的伊斯兰色彩，喜食牛羊肉，喝奶茶。代表食物有烤馕、烤南瓜、曲连、哈勒瓦、银丝面、薄皮包子、手抓羊肉、烤全羊、烤羊肉串、手抓饭等。最重要的民族节日是古尔邦节、开斋节和圣纪节。

7. 哈萨克族饮食

哈萨克族同胞主要居住在我国西部地区的新疆维吾尔族自治区，人口有100多万，主要从事农牧养殖业，信仰伊斯兰教。其风俗有绝对不能跨越铺在地上的餐布，要把最好的肉食品让给老人，喝茶吃饭先敬老人等。哈萨克族同胞喜食牛羊肉、奶茶、马奶子，喜欢吃大米、羊肉、胡萝卜、洋葱焖制的手抓饭或用牛羊奶煮成的米饭。代表食物有索古姆、马奶子、手抓饭、奶疙瘩等。最重要的民族节日是古尔邦节、开斋节和圣纪节。在圣纪节里，家家户户都喜欢吃用牛肉或羊肉、大米、小麦、大麦、奶咯哒等煮成的“库吉”食物。

8. 藏族饮食

藏族同胞主要居住在我国西南和西北部地区的西藏自治区、青海省、四川省，人口有500多万，主要从事畜牧养殖业。饮食生活中爱食用青稞麦或豌豆（经过炒制后磨成粉）制成的糌粑。藏族生活中绝不能没茶，时刻都有的就是酥油茶。在一年一度的民族传统节日雪顿节上有喜食酸奶的习惯，没有食海鲜海味的习惯。由于受传说中鱼是龙家族的成员及其他宗教文化的影响，他们不喜欢吃鱼，不吃奇蹄类、无爪禽兽（马、驴、骡、兔、鸭、鹅）的肉，偶蹄类的牛羊肉是其主要肉食来源。调味主要用食盐。代表食物有炸灌肺、蒸牛舌、氽灌肠、火烧蕨麻猪、夏河蹄筋、爆焖羊羔肉、吹肝、手抓羊肉等。

9. 壮族饮食

壮族同胞主要居住在我国广西壮族自治区，人口有1 800多万，是我国少数民族中人口最多的民族，主要从事农牧养殖业。饮食生活中以大米、薯类为主，喜爱食用糯米制成的食物，口味注重咸、酸、香、辣，滋味醇厚浓郁，喜欢吃狗肉、酸菜。主要食品有白切狗肉、鱼生、烧乳猪、菠萝饭、糍粑、五色糯米饭、壮家酥鸡、米粉肉、粽子等。最大节日是春节，较为重要的节日是端午节、中元节和中秋节。

10. 苗族饮食

苗族同胞主要居住在我国的贵州、云南、湖南、广西等省、市、自治区，人口有800多万，主要从事农业。饮食生活中以大米、玉米和薯类为主，喜爱食用糯米制成的食物，口味注重咸、酸、香、辣，喜欢吃腌制的酸菜和酸肉。主要食品有辣椒骨、血灌汤、苗乡龟凤汤、酸汤鱼、万花茶、苗汤牛肉火锅等。除了苗年之外，还有吃鸭节、吃新节、杀鱼节等，糯米饭是各种节日必备的食物。

11. 彝族饮食

彝族同胞主要居住在我国的四川、贵州、云南、广西等省、市、自治区，人口有700多万，主要从事农业和畜牧养殖业，饮食生活中以玉米、薯类、小麦为主，喜爱将肉禽类制成腊味食物后食用，口味注重咸、香、麻、辣，喜欢吃腌制的酸菜。主要食品有坨坨肉、多拉巴、羊汤锅、烤乳猪、面糊酸菜肉、荞粑、锅巴油粉等。民族传统节日有十月年、火把节。十月年是传统的年节，是欢庆丰收的节日，在农历的十月上旬，年节日期为5～6天，腊肉和煎糯米粑粑为节日食物；火把节是民间最隆重的节日，在农历六月二十四日和二十五日进行，坨坨肉为节日食物。

12. 哈尼族饮食

哈尼族同胞主要居住在我国的四川、云南两省，人口有100多万，主要从事农业。饮食生活中以大米、小米、玉米、薯类、小麦为主，喜爱食用米粉、粉卷、凉粉、粑粑，口味注重酸辣，喜欢吃腌制的酸菜，喜欢用豆豉调味。主要食品有蜂蛹酱、暴腌芭蕉芯、酸笋炒麂子肉、清汤橄榄鱼等。在民族传统节日方面，哈尼族一年之中要过两个年节，一个是十月年，一个是六月年。十月年是隆重的传统年节，是欢庆丰收和祝福平安的节日，在农历的十月上旬，年节日期为5～6天。节日里除了准备出嫁的姑娘之外，其他人一定要吃拜祭过天神祖先的公鸡肉，每当年节期间，寨子里的人们都要举行盛大的街心宴，各家各户将餐桌连接在一起摆成长龙阵，将自家最好的节日美食放在餐桌上，男女老少在一起共饮共食、欢度节日；六月年寨里一般要祭天神和谷神，祝福人畜平安和五谷丰登，分食牛肉，共享神赐成了节日习俗，鸡肉、糯米饭和酒是必不可少的节日食物。

13. 侗族饮食

侗族同胞主要居住在我国的贵州、湖南、广西等省、市、自治区，人口有300多万，主要从事农业和畜牧养殖业。饮食生活中以大米、玉米、薯类、小麦为主，口味注重酸辣、纯厚，喜酸爱辣，喜欢吃腌制的酸菜、酸鱼、酸鸡、酸肉。侗族有三日不吃酸，两腿打弯弯的说法。人们喜欢用虾酱调味。主要食品有酸汤鱼、腌菜、酸汤肉和三合一酸汤等。

14. 傣族饮食

傣族同胞主要居住在我国云南省的西双版纳和德宏州，人口有100多万，主要从事农牧养殖业。饮食生活中喜爱食用糯米制成的食物，口味注重咸、酸、香、辣、醇厚，不喜欢食羊肉，喜欢吃蚂蚁卵、酸菜。主要食品有炸牛皮、牛撒皮、酸鱼、火烧鱼、菠萝饭、香茅草烤鸡、酸笋、芭蕉叶饭、糍粑、竹筒饭、竹叶包饭等。用食用菌做的菜品较多。较为重要的节日是傣历每年六月举行的泼水节，以及七月十五日的关门节和十二月十五日的开门节。大象象征着憨厚纯朴，孔雀象征着幸福吉祥如意。香包则是男女定情之物，是姑娘送给男友的信物，若在餐厅酒楼之中把它送给客人则表示友好及祝福。

15. 怒族饮食

怒族同胞主要居住在我国云南省怒江流域的峡谷地区，人口有200多万，主要从事农牧养殖业。饮食生活中喜爱食用五谷杂粮，不食狗肉，因为狗是其传统的民族图腾。重大传统节日喜欢杀鸡举行占卜活动，喜欢吃鸡肉，遇到重大祭祀时，要杀猪宰羊，家族合食。口味注重咸酸、香辣、醇厚。主要食品有琵琶肉、烤山鼠肉、斜拉、炒面、火烧粑粑、咕嘟饭、西夸拉粑粑等。

二、兄弟民族的传统节日

1. 雪顿节

雪顿节是我国藏族同胞传统的娱乐节日，一般在藏历的七月一日举行，为期3～5天。在藏语中，雪是酸奶的意思，顿是宴食的意思，酸奶是雪顿节最为传统的饮食。

2. 苗年

苗年是我国苗族同胞传统的节日，苗年没有一个固定的日期，大约在农历的九月、十月、十一月的卯日和丑日之间举行。

3. 那达慕大会

那达慕大会是我国蒙古族同胞传统的节日盛会。那达慕在蒙古语中是娱乐游戏的意思，已有700多年的历史，每年的夏秋季祭敖包时举行。

4. 火把节

火把节是我国彝族、纳西族、白族和傈僳族同胞的传统节日，每年夏季的6月24日举行。

5. 古尔邦节

古尔邦节是伊斯兰教的传统节日，又叫宰牲节、忠孝节。古尔邦是阿拉伯语献牲的意思。伊斯兰教历的十二月十日定为宰牲祭礼的节日。古尔邦节是东南亚、西亚、中亚、南欧、北非等地信奉伊斯兰教的国家最为重要的节日，也是我国回族、维吾尔族、东乡族、柯尔克孜族、撒拉族、塔吉克族、塔塔尔族、乌孜别克族、保安族等十多个兄弟民族的重大节日。徽子、卷果、油香、烤全羊、烤羊腿等都是节日的重要食物。

6. 开斋节

开斋节是伊斯兰教的传统节日，又叫肉孜节。"肉孜"是阿拉伯语斋戒的意思。伊斯兰教历的九月是一年之中吉祥尊贵的月份，教规中规定每一位虔诚的、健康的成年穆斯林应全月封斋，每日从拂晓至日落禁绝饮食，封斋 29 天，第 29 天傍晚如见新月，次日即为开斋节，如不见新月，再把斋 1 天共为 30 天，次日即为开斋节。开斋节是信奉伊斯兰教人们的最为重要的节日。

7. 圣纪节

圣纪节也是伊斯兰教的传统节日，又叫圣祭节、圣忌节或牟噜得节，在我国许多地区称为圣会。其时间为每年伊斯兰教历的三月十二日，这一天是伊斯兰教创始人先知穆罕默德的生日和忌日。节日的主题是感赞先知开创伊斯兰的新纪元，感谢其把穆斯林引上安拉赞许的道路，学习先知穆罕默德对安拉的忠诚和平等待人接物的美德。

第三节　中国民间传统节日饮食

多姿多彩、博大精深的中华饮食文化源于民族传统深厚的根基。在中国不论是城市还是乡村，不论是北方还是南方，尤其是在汉族同胞聚居的地方，仍然流行着许许多多的民间传统食风，他们与现代生活相互交织在一起，只有天时、地利才能人和的这种天人合一思想，深深地影响着华夏子孙的日常生活。

一、春季节日饮食风俗

1. 春节

农历大年正月初一，是家庭团聚期盼丰年的重要节日。在年饭中，小麦产区的北方，节日主要食物是以饺子为主；水稻产区的南方，则以汤团、年糕、煎堆、素食为主。

2. 人节

农历正月初七，又叫人胜节、人日和七元节，是地方性家庭庆祝祭祀的节日。这一天忌食米饭，代表食物是用七种蔬菜做成的素菜或素羹。

3. 元宵节

农历正月十五，为元宵节，又名上元节或灯节，在古代民间是张灯结彩祭祀星辰的节日。人们习惯于用糯米粉制作的元宵（汤圆）为食（元宵在古代称为浮元子，近代将其包制的称汤圆，摇制的称元宵）。

4. 中和节　农历二月初二，为中和节，又称龙头节或春龙节，是传说中春龙抬头普降春雨的日子，在北方比较流行。中和节在古代则是祭祀春龙的节日。节日食物主要有龙须面、春饼（龙鳞饼）、炸春卷、炸春段、炸糕、太阳糕和五蔬盘，往往习惯配食黄豆酱、面酱、葱、蒜等食物。

5. 上巳节

农历三月初三，在古代是郊游踏青和祭奠神灵的节日。节日饮食主要以素食为主。

6. 清明节

公历4月4日或4月5日是传统祭奠祖先的重大节日。北方地区节日饮食以素食为主，喜欢吃以香椿为原料制作的炸香椿鱼、香椿面、香椿豆、香椿炒鸡蛋、香椿煎饼等素食。

7. 佛浴节

农历四月初八，为传说中佛祖释迦牟尼诞辰的日子，寺院与民间的人们沿袭撒豆结缘以示纪念佛祖。北方地区有用桐树叶的汁液制作青黑色的米饭（乌饭），或用树木的春花制作榆钱糕、玫瑰饼相互赠送联结友谊的习俗。

二、夏季节日饮食风俗

1. 端午节

农历五月初五，是祭奠民族图腾中华神龙最为重要的节日，同时也是楚国后人祭奠民族先人屈原的传统节日。这一天要举行盛大的龙舟赛事，以示龙腾精神。由于夏季暑热的降临恰逢播种水稻的时令，万物复苏，为防止五毒虫害对人体的袭扰，人们把希望再一次寄托给食物——粽子，“粽”谐音同“宗”，寓宗族之意。粽子是祭奠祖宗先人的极品。全国范围流行着端午节吃粽子的习俗，北方喜欢甜味的粽子，南方喜欢咸味的粽子；在湖北某些地区，人们保持着插香蒲草、张贴钟馗图、饮雄黄酒、吃黄鳝、吃粽子（北方黄米，南方糯米）的节日风俗，以黄色黏性的食物来驱妖避邪。一般地区端午节除了吃粽子之外，还要吃五黄（黄鳝、黄鱼、黄瓜、黄梅、雄黄）三白（白酒、白肉、白蒜头）食物。

2. 天馈节

农历六月初六，时值盛夏，为感戴天日给人间的造化，北方的人们往往以清凉解暑的食物（如酸梅汤、芡实粥、莲藕粥、冰糖绿豆爽、湘莲红豆沙、冰花马蹄露、八宝莲子饭、糯米凉糕等）来祭祀土谷田和自己的先人。人们习惯在这一天里制作豆豉、面酱、黄酱，酿造酱醋，用“发酵”以示“进孝”之意。

3. 七夕节

农历七月初七，是中国传统的情人节。为了赞颂牛郎织女天上人间的纯洁爱情，在江南人们用精美灵巧的小点心和时令鲜果以示怀念。

4. 中元节

农历七月十五，在北方是民间祭祀祖先、怀念亡灵的重要祭祀节日。节日饮食以素食为主。

三、秋季节日饮食风俗

1. 中秋节

农历八月十五的中秋之夜，是人们期盼丰收和家庭团聚的节日。中秋之夜，彩云初散，皓月当空，在银色的月光之下，全家围坐在摆满水果、月饼的圆桌旁，共庆家庭的团圆。这天晚上一定要吃的就是月饼。在整个节日期间南方、北方风味的月饼争奇斗艳，精美的月饼成为人们相互馈赠和表达情意的食物。

2. 重阳节

农历的九月初九，在古代是祭祀太阳神的节日。适逢金秋时节，重阳节是庆祝收获的季节，同时也是敬老爱老的传统节日。节日饮食活动是喝桂花酒和菊花黄酒、吃太阳糕（重阳糕)、吃螃蟹。北方人们在重阳节日里，还喜欢登高远眺，看晚霞几度夕阳红。

四、冬季节日饮食风俗

1. 腊八节

农历的十二月初八，又叫佛成道节或佛浴节，为佛教传统节日。传说中的这一天是释迦牟尼得道成佛之日。为了颂扬释迦牟尼的功德，届时寺庙中要举行盛大的佛会以示纪念，要焚香礼佛，钟鼓齐鸣，熬粥供佛。腊八节适逢北方最为寒冷的日子，人们用五谷杂粮、干果熬煮成腊八粥，在节日早上食用。熬制腊八粥的原料至少为八样。各地用料不一，一般有大米、小米、糯米、大麦米、小麦米、薏仁米、红豆、绿豆、芸豆、莲子、白果、花生仁、桂圆、杏仁、瓜子仁、葡萄干、红枣、栗子、果脯等。此外，在民间还有咸腊八粥、荤腊八粥等多种原料的制法。北方的人们这一天里除了喝腊八粥之外，还要祭祀祖先，期盼来年五谷丰登风调雨顺。腊八节期间，人们为了迎接新春的到来，在这一天开始制办年货中的食品，做腊八醋，泡腊八蒜，做腊肉、腊鸭、腊鱼等食物。

2. 灶王节

农历的十二月二十三，为灶王节又叫送灶节或送神节，是道教的传统节日，也是古代祭祀灶君的节日，俗称小年。传说在农历十二月二十四这一天司灶的灶君要升天朝见玉皇大帝，禀奏人间善恶之事，人们为他送行，目的是为了隐恶扬善，即所谓“上天言好事，下地保平安”，在农历十二月二十三这一天，有吃用麦芽糖、高粱饴糖制作的糖果、甜点的传统。在灶王爷画像上抹糖，让他吃用麦芽糖做的糖瓜、糖饼，不许他乱说人间坏话。这一天是冬季中最为寒冷的日子，人们通过食用温性的麦芽糖来达到驱除寒冷的目的，甜食为孩子们带来喜迎新年的欢乐时光。

3. 除夕

农历十二月三十，俗称大年夜、年三十和大年三十，这是一年之中旧岁将尽的最后时刻，除夕的一切活动都是为了驱邪求福。这一天的夜晚是中华民族最为重要的夜晚，当夜幕降临、华灯初上之时，象征着家庭家族团聚的团圆饭或年夜饭、年饭是最为重要的饮食活动，喜食面食的北方人习惯包饺子，喜食米食的南方人习惯做汤圆。在北京还讲究吃更年的饺子（交子)，也就是当午夜的钟声刚刚敲响之时开始吃，讲究的北京人还用腊八时泡制的醋和蒜就着饺子吃，迎接新春的来临。

第二章　餐饮服务与菜单设计

第一节　餐饮服务知识

餐饮服务是一项需要有耐心、热情和责任心的工作，是一种全面周到的特殊服务工作。为了满足人们对饮食服务的不同需求，餐饮服务形式多种多样，不拘一格。目前餐饮的服务形式根据经营性质可主要归纳为套餐和零点两大服务形式。零点式服务是餐饮部门根据客人的需求并结合经营的产品，向客人提供一定范围的菜点，由客人自己选择单个菜点品种的服务方式。套餐式服务是餐饮部门根据客人的需求并结合经营的产品，向客人提供组合的成套菜点，由客人选择成套菜点品种的服务方式。根据不同国家餐饮服务传统风格可以分为中式、法式、英式、美式、俄式服务等，根据不同的营业时间分为早餐服务、午餐服务、晚餐服务、午后茶点服务和宵夜食品服务等。

一、零点式餐饮服务

零点式餐饮服务是为了接待零散的就餐顾客而设置的一项餐厅服务。零点式餐饮服务的特点是：就餐人数、消费标准、就餐时间、菜肴数量及品种不确定。这种不确定性加重了工作的复杂化，对于企业来说，零点式餐饮服务始终是餐厅服务的主体，与套餐式餐饮服务没有本质的区别。

二、套餐式餐饮服务

套餐式餐饮服务是相对于零点式餐饮服务而言的。套餐式餐饮服务的特点是：在菜肴品种、数量、消费标准、就餐人数、就餐时间和就餐位置等方面相对确定。这样就能够准确做到及时有序地进行定位服务，在饭店餐馆中举行的宴会大多属于套餐式餐饮服务形式。

三、宴会服务

宴会又称宴席、筵席，是一种伴随餐饮活动的多人聚会形式。宴会的基本特征是具有一定服务礼仪，具有统一的消费标准（规格），具有同一的时间场地，具有共同的活动主题，具有明显的主客关系，具有隆重热烈的就餐气氛。宴请聚会活动是公司间、朋友间、家庭间、国家间，以及人与人相互交往中最为常见的活动形式之一，由于国家、民族、地区文化背景和生活习惯等的差异，宴会具有不同的特色。目前，国际上宴请活动最为通用的餐饮服务形式有宴会、工作餐（工作性早餐、工作性午餐）、茶会（午后茶）、招待会等，根据宴请的活动性质、经费开支、出席的人员、举行的时间、场地等因素的不同，而有具体的表现形式。

1. 宴会种类的划分形式

（1）按主人所代表的身份规格划分

宴会可以分为国宴、官方宴会、家庭宴会和商务宴会等。国宴是以国家元首级或政府首脑级主人身份，为了国家的庆典活动，或为了正式到访的外国元首和政府首脑级人员，举行的庄严隆重仪式，是具有一定文化背景、规格标准较高、由完整套餐菜点组成的正式招待宴会。举行国宴的场所具有国家最高级别的象征意义。中国国宴中的套餐菜肴通常由冷盘、汤羹（炎热的夏秋季节可以不设热汤）、主食饭点、热菜、甜品、水果、酒水饮品等品种构成，宴会套餐服务中的主菜（热菜）一般是2～4道，采取分餐形式盘式服务，结束之前配有果盘或茶点，而在西餐国宴中，一般有餐前小吃、冷盘、汤羹（炎热的夏秋季可不设热汤），主菜一般为1～2道，甜品、面包和黄油是餐中必备的主食，精美甜品是绝对不能少的美食。如果属于法式套餐服务，一定要准备奶酪盘，结束之前配有咖啡、巧克力和糖。官方宴会是以代表政府部门主人身份，宴请他人而举行的不同规格、不同形式的招待宴会。商务宴会是以代表公司主人身份，宴请他人而举行的不同规格、不同形式的招待宴会。家庭宴会是以代表家庭主人或私人身份，为宴请他人而举行的不同规格、不同形式的招待宴会，如婚嫁宴会、祝寿宴会、生日宴会和团聚宴会等。

（2）按举行的时间划分

有午宴和晚宴。晚宴举行的时间较长，气氛热烈庄重，消费标准相对较高。

（3）按宴会消费的标准与服务档次规格划分

有普通宴会、豪华宴会和超豪华宴会。

（4）按就餐形式划分

有正式宴会、自助餐形式宴会、鸡尾酒会形式宴会和冷餐酒会。

（5）按宴请活动的性质划分

可分为招待会、工作餐、答谢宴、欢迎宴、欢送宴、庆功宴、庆祝宴、庆寿宴、婚宴、情人宴等。招待会一般不备正餐，不排座位，形式随便。工作餐是近年比较流行的叫法，可分为早餐、午餐和晚餐。

（6）按宴会菜式的风格特色划分

可分为中餐宴会、西餐宴会和其他宴会。中餐宴会有地方风味宴和民族风情宴，还有水乡宴、山村宴、海滨宴和沙舟宴等；西餐宴会有英式、法式、美式、俄式、意式等宴会；此外还有日式、韩式和泰式等宴会。

（7）按宴会主要原料和菜品的类别划分

可分为全羊席、燕翅席、全鸭席、全鱼席、豆腐宴和蔬菜宴。此外，还有养生席、药膳席等。

（8）按宗教文化习俗划分

宴会有素筵席和清真筵席等。

2. 宴会的代表形式

（1）正式宴会

正式宴会是相对与其他形式的宴会而言的。正式宴会的基本特点是固定坐次排位，有统一标准的宴会菜单，有统一标准的餐桌服务程序，有统一的时间标准，有较高规格的消费标准。正式宴会的时间一般都定在晚上7~8点举行，时间一般为两个小时左右，中式宴会常常以圆桌的形式进行。正式宴会的菜肴数量较少，制作精细，餐饮服务程序按照每一道菜肴分别进行服务。

(2) 自助式宴会

又叫自助餐或自主餐，是饭店餐饮服务中一种灵活、方便、简捷、经济实惠的餐饮服务形式。自助式宴会举行的时间为中午或晚上，不受参加人员迟到早退的限制，不受场地的限制，时间长度大约为 2 小时左右，没有固定的坐次排位，便于人们之间的相互交往和增进友谊。菜点品种多样，多是不带汤汁但配有调味汁的冷热菜肴，食品及酒水要提前放在固定的位置或由服务人员托盘进行服务。

(3) 鸡尾酒会

鸡尾酒会源于西餐晚宴之前的餐前小吃服务，即在正餐开始之前进食小吃，喝餐前开胃酒（含酒精的饮料），是现代酒店比较常见的服务形式。鸡尾酒会的特点是时间较短，举行的时间往往在正餐之前，不受参加人员迟到早退的限制，不受场地的限制，时间长度大约为 1 小时左右，没有固定的坐次排位，一般是站立举行，便于人们之间的相互交往和增进友谊。食品多为小巧玲珑的牙签小食。食品及酒水要提前放在固定的位置或由服务人员托盘进行服务。

(4) 午后茶食

这是一种较新型时尚的餐饮服务形式，在现代国际酒店中较为流行，往往在下午 3 点之后举行，时间大约 1 小时左右，食品主要是各种茶品，以及精美别致的小型甜点。

3. 宴会服务中的礼仪习俗

(1) 迎送客人

迎来送往是人际交往中的最为常见的礼节。在举行宴会时，除了举办宴会的主人要主动迎送客人有礼有节之外，服务人员同样要注重礼节；规格较高的宴会，部门主管经理和厨师长在餐前或餐后一定要主动出面，以示友好和注重礼节。

(2) 方位坐次

在传统隆重的中式宴会中，主人的座位一定要设在餐厅里面明显的上位，主宾坐在主人的右侧，餐中一切服务从主宾开始顺时针方向运转。一般家庭式的宴会要从长辈开始服务，公司商务宴会服务则是从年岁较长的女士开始，顺时针方向运转。圆形餐台的种类一般从小到大有 4 人台、6 人台、10 人台、16 人台、24 人台。

(3) 食物原料

在中国的北方有着“无鱼不成席”、南方有着“无鸡不成席”的传统观念，在中国古代公鸡常常被用作祭祀活动的祭品。有的地方在上菜时保持着鱼不献脊、鸡不献头和鸭不献掌的习俗。

(4) 鲜花禁忌

使用鲜花装点餐厅、餐台和菜点时，要选择新鲜的花卉和绿叶。由于宗教及文化差异，欧洲客人忌用菊花、杜鹃花和石竹花，以及呈黄色和白色的花卉；日本客人不喜欢荷花。

4. 中式宴会上菜的时间及先后顺序

在正式的宴会中，菜点上桌的顺序一般要遵循先冷后热，先咸后甜，先淡后重的服务原则。晚宴的就餐时间较长，时间长度一般为两个小时左右，要间隔一定的时间上菜，间隔的时间要根据顾客就餐的时间而定，直到每一位客人吃完之后才能够上下一道菜点。在正式宴会中每道菜点大约间隔 20 分钟左右，以菜与菜上桌时间不能空档为度，当然还要尊重顾客的具体就餐要求。提倡科学、文明和健康的饮食，最重要的就是分餐服务，由厨房直接分别独立盛装，或由服务人员在顾客面前分别独立盛装。上菜次序首先是清淡适宜、荤素搭配合理的冷菜，接下来是汤羹（一般炎热的夏季没有），之后便是由海鲜、河鲜制成的咸鲜清淡的热菜，味道浓重的禽畜肉类热菜，清淡的蔬菜和素食热菜，美妙的甜品甜点和水果类食品，饭点主食应当穿插在热菜之中随时上桌进行服务。

第二节 酒类知识

酒品服务是餐饮综合服务中的重要组成部分。酒类的品种较多，又涉及许多科学、健康的饮用方法，所以了解酒类知识对于餐饮服务是十分必要的。

一、酒品基本知识

1．食用酒精

酒精的学名叫乙醇，是酒中的重要成分。酒精是由含有糖类的物质在分解酶的作用下经过发酵而形成的。纯净的酒精无色透明，有强烈的辣味和刺鼻气味，燃点为180℃，沸点为78℃，冰点为－114℃。

2．酒的度数

我国目前主要采用的是标准酒度表示法，即在20℃时，每100毫升酒液中含有多少毫升酒精，通常用百分比表示。如果每100毫升酒液中含有38毫升酒精（38%），酒的度数则为38度。此外还有英制酒度和美制酒度。

啤酒是所有酒类中酒精度数较低的一类，它不是按容量的百分比率计算，而是按质量计算。酒度一般在2%～8%之间，即每升酒液中含纯酒精20～75克，啤酒酒标上注明的度数是原麦汁浓度的重量百分比率。

3．酒的口味

酒中的口味主要呈现出香味、酸味、辣味、甜味、涩味和苦味。

4．酒的分类方法

酒类是一个十分庞大的家族，根据分类的标准不同，有如下分类形式。

（1）根据生产工艺不同分为酿造酒、蒸馏酒和混配酒。

（2）根据原料不同主要分为果类植物酒、谷物粮食酒、奶酒和杂酒。

（3）根据酒的色泽不同分为白酒、黄酒和红酒。

（4）根据餐饮服务形式不同分为餐前酒、佐餐酒、餐后酒和休闲酒。

（5）根据白酒的香型不同分为酱香型、清香型、浓香型、米香型和兼香型（混香型）。

（6）根据葡萄酒的酸甜味型不同分为干型（含糖量在0.5%以下）、半干型（含糖量0.5%～1.2%）、半甜型（含糖量1.2%～5%）、甜型（含糖量在5%以上）。

（7）根据葡萄酒的颜色不同分为白葡萄酒、玫瑰红、宝石红和桃红等。

（8）根据葡萄酒中的气体状态，分为静态葡萄酒和起泡葡萄酒。

（9）根据使用酒曲的类型不同分为大曲酒和小曲酒。

(10) 根据啤酒的颜色不同分为淡啤酒和黑啤酒。

二、白酒的品种

白酒大多是以糖质淀粉为原料，经过糖化发酵和酒精发酵后，经过蒸馏勾兑制成的蒸馏酒类品种，白酒的酒精度数一般比较高。

1. 茅台酒

被誉为国酒玉液的茅台酒是由谷物酿造而成，属于酱香味型。特点是回味悠长、优雅柔细、纯净透明、空杯留香。茅台酒的酒度为38～53度。历史上因产于贵州省仁怀县的茅台镇而得名，由贵州茅台酒厂生产。

2. 五粮液

五粮液以“喷香”为酒中举世无双的妙品，由红高粱、糯米、大米、小麦和玉米酿造而成，属于大曲浓香型。特点是浓郁芳香、清澈透明、醇厚甘美，在大曲酒中以酒味全面而著称。五粮液酒的酒度为38～52度。五粮液的姐妹酒系列品种已有五粮春、五粮醇等，由四川省宜宾五粮液股份有限公司生产。

3. 泸州老窖

泸州是我国生产老窖大曲酒历史最为悠久的地区，被誉为“浓香正宗”。泸州老窖属于大曲浓香型，习惯上称之为窖香型或泸香型。特点是清洌甘爽、醇香浓郁、无色透明、回味悠长。泸州老窖特曲的酒度为48度，大曲的酒度为52度，由四川省泸州市泸州老窖股份有限公司生产。

4. 古井贡酒

由高粱、小麦、大米、豌豆和水酿制而成，明清时代被奉为进献皇朝的珍品。古井贡酒属于大曲浓香型，特点是甘润醇和、香入幽兰、清澈透明、黏稠挂杯、余香悠长。古井贡酒的酒度为38～55度，由安徽省亳州市古井贡酒股份有限公司生产。

5. 剑南春

由高粱、小麦、玉米、水酿制而成的剑南春，其前身是绵竹大曲，明清时代被奉为进献皇朝的珍品。剑南春酒属于大曲浓香型。特点是甘润醇和、清澈透明、芳香浓郁、余香悠长、清洌净爽。酒度为52度，产于四川省绵竹市。

6. 董酒

由高粱、小麦、大米和水酿制而成。董酒属于兼香型，特点是甘美醇和、晶莹透亮、芳香浓郁、余香悠长、回味香甜。董酒的酒度为45～52度，由贵州省遵义市振业董酒集团有限公司生产。

7. 汾酒

由高粱、豌豆、大麦和水酿制而成的老白汾酒为10年陈酿。属于大曲清香型，特点是清香馥郁、入口香绵、甜润醇厚、回味悠长、优雅纯正、酒力强劲而无刺激性。酒度为53度，产于山西省汾阳市杏花村。

8. 酒鬼酒

由山泉水、高粱和小麦酿制而成，属于兼香型，酒度为38～54度，产于湖南省吉首市振武营，由湖南酒鬼股份有限公司生产。

9. 郎酒

由山泉水、高粱、糯米和小麦酿制而成，属于浓香型。特点是气韵优雅、香浓清冽、自然成熟、优雅纯正。郎酒的酒度为39～50度。四川省古蔺郎酒厂坐落在深山之中，用于陈放郎酒的三宝洞是世界上最大的天然酒窖。

10. 竹叶青酒

由竹叶、白糖、砂仁和纯净水酿制而成，属于清香型。特点是颜色淡绿，气味醇香，每升含糖量85～105克，酒度为45度，产于山西省汾阳市杏花村。

11. 二锅头酒

由水和高粱酿制而成，清香型，酒度为38～56度，红星牌二锅头酒由北京酿酒总厂生产。

三、啤酒品种

啤酒是世界上最流行的休闲酒精饮料，是由大麦、小麦、玉米、黑麦和大米等经过发酵，使用啤酒花调香的酒精饮料。麦芽是啤酒的核心，啤酒花是啤酒的灵魂。根据色泽的不同分淡色和深色啤酒。根据发酵及灭菌方法不同分熟啤酒、生啤酒和纯生啤酒。

1. 青岛啤酒　由水、大麦芽、啤酒花酿造而成。青岛啤酒属于淡色啤酒，酒色米黄，清澈透明，酒质柔和，二氧化碳气体充足，泡沫细腻洁白，酒花清香，麦香醇厚。品种有生啤、纯生啤和熟啤之分。其中生啤又称鲜啤，包装多为金属罐装，市场也有玻璃瓶装产品，生啤酒未经过巴氏杀菌处理，口味鲜美爽口，杀口力强，营养价值较高，酒龄较短，稳定性较差，宜低温保存，适宜夏季饮用，酒度大于3.4度，麦芽汁浓度为11度，由青岛啤酒股份有限公司生产。

2. 燕京啤酒　属于淡色啤酒，由矿泉水、大米、大麦芽、啤酒花酿造而成。品种有生啤、纯生啤和熟啤之分。熟啤酒的包装多为小型罐装或瓶装，经过巴氏杀菌处理，酒龄较长，性能稳定，宜常温保存，酒度大于3.7度，麦芽汁浓度为11～12度，在2～25℃环境中存放，避免阳光直射，保质期为360天，由燕京啤酒股份有限公司生产。

四、黄酒品种

黄酒是我国古老悠久的酿造酒，又称米酒，主要以优质的糯米、粳米、小麦和黏黄米等粮食为原料，经过接种（麦曲或红曲）、糖化发酵和酒精发酵酿制而成。黄酒是人们习惯上的叫法，黄酒的颜色并非绝对的黄色，有黄色、红色和白色等品种。黄酒中的主要物质有糖分、糊精、醇类、有机酸、酯类、氨基酸等，由于使用了麦曲或红曲，黄酒具有浓郁的曲香。黄酒的酒度一般为15～20度，黄酒的存放温度为5～20℃。

1. 绍兴黄酒

产于浙江绍兴的黄酒，是我国最古老的黄酒品种，特点是香气浓郁芬芳，口味醇香甘甜，清新爽口，营养丰富，色泽深黄橙红，晶莹剔透。有状元红、女儿红、越王樽、古越龙山等品牌，分别有1～5年的陈酿酒龄品种。在温度低于10℃的季节里，宜加温至45℃饮用，盛夏季节可以将酒冰至3℃饮用（可以加入冰块），无论温饮或冷饮，若在酒中加入话梅、樱桃、柠檬酒、酸梅等，别有一番风味。酒度为10～18度，总酸度不超过0.3%～0.5%，含糖量1.5%～3.0%，保质期为18～24个月，产于浙江省绍兴市。

2. 福州红曲酒

福州红曲酒是由红曲接种酿造的，颜色呈红褐色，有特殊的香气，口味醇和甜爽，余味绵长，酒度为15度，糖分为3%。

3. 吉林清酒

清酒是一种改良型的大米黄酒，色泽清淡，清亮而富有光泽，具有清酒特有的香味，清香纯净，甘润细腻，酒度为16度。

4. 日本清酒

主要由优质糯米酿制而成，其制酒工艺与中国黄酒的传统工艺基本相似，也经过洗料、蒸煮、发酵、加饭、过滤、陈酿、装瓶等工艺。特点是无色透明，香光清雅，甘甜醇美，酒度为12～16度。

五、葡萄酒品种

世界上酿酒葡萄的黄金种植区主要集中在北纬30～50度。我国的酿造葡萄酒产区主要分布在河北省、山东省、北京市、河南省、江苏省。法国是世界著名的葡萄酒生产国，法国的酿造葡萄酒主要分布在波尔多、波艮地、阿尔萨斯、卢瓦尔、普鲁旺斯、香槟等地；著名的品种是波尔多红葡萄酒、波艮地的白葡萄酒、香槟起泡葡萄酒，其中以波尔多红酒最为著名。德国也是世界著名的葡萄酒生产国，酿造葡萄酒主要分布在莱茵和摩泽尔地区，主要以酿造的白葡萄酒而闻名。意大利亦是世界著名的葡萄酒生产国，意大利的酿造葡萄酒主要分布在皮埃蒙特、威尼托、托斯卡纳、伦巴第等地，主要以酿造红葡萄酒而闻名。

1. 张裕葡萄酒

张裕酿酒公司成立于1892年，由爱国华侨张弼士先生创建，张裕品牌是我国葡萄酒业中著名的品牌。张裕玫瑰红葡萄酒，采用玫瑰香葡萄酿制而成，颜色为玫瑰红色，果香浓郁，口味醇厚，甜而微酸微涩，清鲜爽口，酒度为12度，含糖量每升为42克。张裕味美思葡萄酒是由肉桂、藏红花等20多种芳香植物浸汁陈酿而成的全汁酒，色泽棕红微黄，醇厚爽口，口味悠悠，余味深长，令人遐思，酒度为18度。张裕起泡葡萄酒口感协调，酒香宜人，果香浓郁，原汁为50%，酒度为5度，含糖量每升为30～50克，由山东省烟台张裕葡萄酒酿酒股份有限公司生产。

2. 王朝葡萄酒

王朝干红葡萄酒结合了法国赤龙珠刚强性格和美乐葡萄的柔和细腻，呈玫瑰红色，余韵圆润悠远，口感协调，酒香醇厚，果香浓郁，醇和润口，属于波尔多酒型。大多为半干型酒，在10～15℃的环境下卧放或倒放，有效保质期10年，由中法合营的天津王朝葡萄酿酒公司生产。

3. 中国红葡萄酒

属于甜型葡萄酒，常常用来配合甜食。色泽棕红透明，香气芬芳浓郁，果香醇香，协调持久，甜酸适度微涩，口感浓厚爽口，有丰收和中华品牌。酒度为13度，每升含糖量为120克。

4. 龙徽葡萄酒

龙徽干红葡萄酒轻柔优雅，有橡木桶的清香气味，酒度为11度，每升含糖量小于4克，需要在5～20℃的环境中卧放或倒放，最佳饮用温度是摄氏16度。龙徽白葡萄酒的酒度为12度，每升含糖量为4～12克。龙徽干白葡萄酒酒度为12度，每升含糖量小于4克。龙徽起泡葡萄酒淡黄色，杀口力强，泡色洁白，酒香细腻，果香浓郁，有浓郁的蜂蜜、柠檬香气，酒度为12度，每升含糖量小于12克，最佳饮用温度为8℃，在摄氏10～16℃的环境中卧放或倒放。产于河北怀来县，由龙徽葡萄酿酒公司生产。

5. 长城葡萄酒

长城干红葡萄酒采用法国引进的优质品种赤龙珠葡萄酿制而成，清澈透明，优雅芬芳，有宝石红色、玫瑰红色、桃红色，酒度为11～12度，每升含糖量小于4克。长城干白葡萄酒，微黄带绿，果香悦人，口味娇美，柔和细嫩，优雅爽口，回味长久，在摄氏10～16℃的环境中卧放或倒放。产于河北昌黎县，由中国长城葡萄酒有限公司生产。

6. 桂花陈酒

桂花陈酒产于8月桂花盛开的季节，由葡萄、桂花、水酿制而成，酒液呈琥珀色，纯正和谐，桂花香气浓郁。桂花陈酒将天然葡萄的果香与花香完美地结合在一起，酒度为15度，糖度含量每升为140克，在摄氏5～25℃的环境中存放，产于北京。

六、其他品种

1. 威士忌

威士忌酒主要是以大麦、燕麦、黑麦和玉米为原料，用烤制的大麦芽作糖化剂，经过糖化发酵和酒精发酵后，再经过二次蒸馏勾兑，在橡木桶中陈放老熟制成，酒龄为3～15年，属于蒸馏酒品种。酒液呈琥珀色，口味微辣、苦涩醇厚，烟香气味深厚，酒力强劲，酒度为40～45度。品种有苏格兰威士忌、爱尔兰威士忌、美国威士忌和加拿大威士忌。

2. 白兰地

白兰地酒主要是以水果汁（葡萄、苹果、樱桃、香橙、梨、桃、草莓、李子等）为原料，经过糖化发酵和酒精发酵后，再经过二次蒸馏勾兑，在橡木桶中陈放老熟增香制成。白兰地属于蒸馏酒品种，酒液颜色呈琥珀色，气味芳香深厚，酒力强劲，回味悠长，挂杯力强，酒度为28～40度，法国夏郎德省的科涅克（又名干邑）和阿玛涅科是久负盛名的白兰地酒产地。

3. 金酒

金酒又称杜松子酒，主要是以玉米和大麦等谷物为原料，经过糖化发酵和酒精发酵后，再经过蒸馏制成中性酒，添加杜松子、芫荽和豆蔻等芳香植物，在橡木桶中陈放老熟制成，属于清淡型混合蒸馏酒品种。酒液颜色晶莹透明，气味清新芳香，酒力强劲，口味清爽，酒度为40～45度，品种有英国金酒和荷兰金酒。

4. 伏特加酒

伏特加酒是以马铃薯为主要原料，辅以小麦、黑麦、大麦、玉米、甜菜等原料，经过糖化发酵和酒精发酵后，再经过蒸馏勾兑制成，不需陈酿增香，属于蒸馏酒品种。酒液颜色无色透明，口味辛辣刺激，劲大凶猛冲鼻，微辣苦涩醇厚，烟香气味深厚，酒力强劲，酒度为40～45度，品种有俄罗斯伏特加、芬兰伏特加和波兰伏特加。

5. 朗姆酒

朗姆酒主要是以甘蔗汁或糖浆为原料，经过糖化发酵和酒精发酵后，再经过蒸馏制成酒液，再进行勾兑，在橡木桶中陈放老熟制成。属于清淡型蒸馏酒品种。酒液颜色晶莹透明，有淡色、淡黄色和琥珀色，气味清新芳香，酒力强劲，味道浓厚，有糖蜜甜味，酒度为40～50度，品种有牙买加朗姆酒、古巴朗姆酒、巴巴多斯朗姆酒、圭亚纳朗姆酒和波多黎哥朗姆酒。

6. 特基拉

特基拉酒是墨西哥特有的酒品，主要是以玛圭龙舌兰植物（仙人掌）为原料，经过糖化发酵和酒精发酵后，再经过蒸馏制成酒液，属于蒸馏酒品种。酒液颜色晶莹透明，气味芳香，火力强劲，酸辣味浓重，饮酒时舔食食盐、柠檬、辣椒，则有一种原始粗犷的神奇之感，犹如火上浇油一般，酒度为40～45度。

7. 味美思

又称苦艾酒，有强烈的草本植物的芳香味道，以白葡萄酒为酒基配上苦艾等25～40种具有芳香和药用价值的植物和蒸馏酒制成。酒度为17～20度，口味浓香，多用于餐前开胃酒，饮用时需要添加水或果汁进行稀释，配食餐前小吃，主要产于意大利和法国。

8. 茴香酒

有强烈的草本植物的芳香味道，以食用酒精或烈性酒为酒基，配上茴香油制成。酒度为25度，口味浓香，多用于餐前开胃酒，饮用时需要添加5倍以上的水或果汁进行稀释，主要产于意大利和法国。

9. 雪利酒

雪利酒是西班牙特有的酒，是一种经过强化的葡萄酒，属于甜食酒，常用于配合甜食。雪利酒以干型为主，色泽深重，气味甘洌，有坚果味的清香，酒度为15～20度，产于西班牙加的斯省北部。

10. 波特酒

波特酒是葡萄牙特有的酒类品种，是由葡萄酿造酒与葡萄蒸馏酒配制的一种经过强化的葡萄酒，属于甜食酒，常用于配合甜食。红色的波特酒，色泽深重，气味甘洌清爽，有坚果味的清香，产于葡萄牙北部的杜罗河流域。

11. 香槟酒

在西方国家香槟酒被誉为酒中皇后，是高贵品味的象征，常常配合甜食。香槟酒产于法国北部的香槟省，是一种葡萄汽酒（起泡葡萄酒），酒龄一般为3年，6年～8年为陈酿。酒的特点是色泽金黄，晶莹透明，香气浓郁，起泡充沛持久，爽口宜人。只有在香槟地区，选用特有的葡萄品种黑必努、姆涅必努和夏尔多奶，原料采用压榨处理、勾兑、装瓶、3年陈酿转瓶、换塞填充等工艺制成的白葡萄汽酒，才有资格冠以香槟酒的名称，酒度为11度，有干型、甜型等品种。

12. 利口酒

在西方常用作餐后酒，一般在吃过饭后喝咖啡时饮用，是采用食用酒精和高度蒸馏酒为酒基，用植物香料进行增香，经过甜化处理制成，属于甜酒类型，酒度为35～45度，品种有可可、薄荷和香蕉味型，主要产于西印度群岛和法国。

第三节 饮料知识

饮料是餐食活动中的最佳伴侣，被誉为当今世界上三大饮料的分别是茶、咖啡和可可。

一、茶

中国是茶叶的故乡。饮茶的习俗在中国已有千年以上的悠久历史。茶叶、丝绸、陶瓷已经成为中国传统文化的根基。

茶叶是由常绿木本植物茶树鲜嫩的芽叶加工制成的。

茶叶中主要含有茶叶酚、茶叶碱、有机酸、芳香物质等。

根据茶的颜色不同，可分为绿茶、红茶、白茶、黑茶、黄茶、青茶。根据加工方法不同，可分为花茶、紧压茶等。根据生产季节的不同，可分为春茶（春分至谷雨）、夏茶、秋茶。根据饮用方法不同有清茶、奶茶、酥油茶之分。

1. 绿茶

绿茶是采用杀青方法使鲜嫩的茶树绿叶不发生氧化褐变或退色，保持特有的绿色。主要有蒸汽杀青和锅炒杀青绿两类绿茶，特点是色绿、汤绿、清香。我国著名品种有西湖龙井、碧螺春、黄山毛峰、庐山云雾茶、信阳毛尖、六安瓜片。碧螺春主要产于江苏吴县太湖岸边的洞庭山区，产季主要集中在春分至谷雨之间。西湖龙井茶主要产于浙江杭州西湖岸边的狮子峰、龙井、五云山、虎跑、梅家坞等地，历史上根据产地的不同分为狮、龙、云、虎、梅5个品种，以狮峰龙井的品质最佳；目前在制茶工艺方面仍保持着全系手工，美妙自然纯真的特色；龙井茶有色绿、香郁、味甘、形美四绝的美称，产季主要集中在春分至清明之间。黄山毛峰属于条形烘青绿茶，主要产于云雾缭绕、雨量充沛、山高谷深的安徽黄山地区，特级黄山毛峰又称黄山云雾茶，是由谷雨前的春茶加工制成。庐山毛峰也属于条形烘青绿茶，主要产于江西庐山地区。

2. 红茶

主要产于云南省和安徽省。加工过程是通过萎凋、发酵使鲜叶充分发生氧化褐变。干茶呈黑色，汤色红亮，品种有祁红、滇红、川红等。祈红属于条形红茶，又称祁门红茶，干品紧细秀长，色泽乌润，毫色金黄，茶汤色泽红艳明亮，清香醇厚浓郁，主要产于安徽祁门县、石台县、东至县和贵池县。滇红属于条形红茶，是云南功夫茶的简称，主要产于云南省澜沧江流域，以凤庆县所产最为著名。

3. 乌龙茶

乌龙茶又称青茶、半发酵茶，加工过程是通过萎凋、摇青、炒青，使茶叶不充分氧化。干茶色泽青褐，绿叶红镶边，茶汤色泽金黄褐红，醇香浓厚，兼有绿茶的甜醇和红茶的浓香。著名品种有武夷岩茶、铁观音等。根据茶树品种的不同有大红袍、铁罗汉、水仙、玉桂、乌龙、凤凰水仙等。武夷岩茶属于条形乌龙，以陈为贵，汤色深红，风味浓郁，主要产于福建省崇安县武夷山岩崖。铁观音属于卷形乌龙，有天然的兰花清香，茶汤金黄明亮，香气持久，铁观音既为茶树又为茶名，主要产于福建省的安溪、永春、晋江、潮州以及台湾省。

4. 白茶

加工过程是通过萎凋直接将茶叶干燥。特点是白色芽毫显露，汤色浅黄，气味清香。著名品种有白毫银针、白牡丹和贡眉。白毫银针属于芽形白茶，色白如银，形似针状，主要产于福建省鼎县。

5. 黑茶

通过杀青方法使鲜嫩绿叶在干燥前发生非酶性氧化褐变。品种有普洱茶、六堡茶、紧压茶。普洱茶主要产于云南省普洱地区。

6. 花茶

以茉莉鲜花和不同种类的茶胚拌和而成，主要产于福建省和浙江省。

7. 紧压茶

以伏季出产的黑茶、红茶、绿茶为原料，采用模具压缩定型、干燥加工而成。历史上由于主要销往边疆地区，又叫边销茶。主要有砖茶、沱茶、饼茶和方茶等。主要产于四川省、云南省、湖南省、湖北省和陕西省。

二、咖啡

咖啡是由热带常绿植物咖啡树成熟的果实咖啡豆加工而成，作为一种美妙神奇的饮料已有千年历史。咖啡树适宜生长在海拔1 000～2 000米高度的热带地区。咖啡豆一年可以采摘2～3次，咖啡豆属于浆果，呈椭圆形深红色，壳内有两粒种子，我国主要产于台湾、云南、海南、广西等地区。咖啡中含有脂肪、糖分、咖啡因和挥发性芳香油成分，咖啡因又叫咖啡碱，具有刺激中枢神经兴奋的作用。咖啡豆经过烘焙、研磨、煮制、过滤等加工工艺，才能成为理想的饮料。

三、可可

可可是由热带常绿植物可可树成熟的果实加工而成，我国主要产于台湾、云南、海南、广西、广东等地区。可可粉是制作巧克力的主要原料，可可豆中含有58%可可油脂，芳香浓郁。可可油脂属于不干性油脂，主要成分有油酸、棕榈酸和硬脂酸。

第四节　菜单的筹划

在餐饮市场经营服务过程中，企业通过菜单与顾客紧密地联系在一起。菜单贯穿于整个食品加工生产和销售服务活动之中。当今菜单无论在内容上、形式上和设计上都在悄悄地发生着变化，菜单的筹划融入了现代饮食理性观念，丰富多彩的菜单标志着现代餐饮服务的日益繁荣。

一、菜单概况

1. 菜单的概念

菜单是饮食服务企业经营部门为了生产加工和销售饮食产品，向员工和顾客提供的食品目录清单或说明书，又是完成饮食产品市场交易的物质凭证。菜单一词的含义本身就是一种详细的清单，在菜单之中融入了许许多多的传统饮食文化与现代企业经营理念和创意。在早期的餐饮经营服务中，小作坊式的经营方式，单调的饮食产品服务，单独的价格，单独的市场，使菜单在设计方面也相对地简单。

2. 菜单的内容

菜单本身就是一个广告，它的基本任务就是要把企业经营的产品和服务信息及时有效地传达给每一位顾客，传达给每一位员工，以便于顾客的消费与指导员工的生产和服务。菜单中应当具有的内容是：餐厅的名称、餐厅的地址、餐厅的联系电话、餐厅的营业时间、餐厅的附加服务费（指定的旅游定点餐厅和饭店才有）、菜肴的风格、菜肴的详细目录、菜肴的售价、菜肴的数量、酒水饮品、甜品饭点品种、结算方式等。

二、菜单的种类

由于经营服务方式、菜肴风格特点、季节假日时令、饮食活动的性质、使用的环境、使用的对象的不同，今天流行的菜单种类也十分繁多。

1. 根据餐厅经营服务的形式，菜单可以分为零点菜单、套餐菜单和综合菜单。

（1）零点菜单　是由顾客点菜，服务员在记账单上书写菜名。这类菜单既可作为厨师配菜、烹调的手续，也是顾客结账的凭据，零点菜单随意性较强。

（2）套餐菜单　是指筵席全套菜肴、点心、酒水（有时不写）、果品，按菜点组合和上席顺序排列成完整的目录清单。

2. 根据时令季节的变化，菜单分春季菜单、夏季菜单、秋季菜单和冬季菜单，或春夏季菜单、秋冬季菜单、冬春季菜单和夏秋季菜单。

3. 根据菜单变化的程度，菜单分固定菜单（期限为3～6个月）、变化菜单（期限为1～30天）和周期菜单（周期性重复使用）。

4. 根据经营时间的不同，菜单分早餐菜单、午餐菜单、晚餐菜单和夜宵菜单。

5. 根据就餐服务形式不同，菜单分宴会套餐菜单、自助餐菜单、鸡尾酒会食品菜单、商务套餐菜单和家庭套餐菜单等。

6. 根据大型饭店经营部门的不同，菜单的种类分餐厅菜单、咖啡厅菜单、酒吧食品服务菜单、泳池食品服务菜单、客房食品服务菜单、俱乐部食品服务菜单、营销菜单、网络菜单、驻店公司员工菜单、酒店员工菜单和标准档案菜单等。

三、菜单的筹划

菜单的筹划是一项系统性的复杂工作，一个小小的菜单往往凝聚着许多人的劳动与智慧。菜单的制定应从以下方面进行筹划。

1. 积极研究分析餐饮市场

研究分析餐饮市场，尤其是对细分市场进行重点的调查研究十分重要，要根据潜在顾客的年龄、性别、职业、民族、购买力、消费习惯等，精心分类进行调查，对调查的资料数据进行整理分析，取得第一手资料。

2. 满足顾客消费的最大需求

在餐饮服务中要满足顾客的生理需求、安全需求和社会心理，以及精神和物质文化方面的需求，最大限度使顾客满意。

3. 及时了解顾客的反馈意见

了解顾客的反馈意见，尤其是要认真对待顾客对实际菜肴品种实现值和对菜单期望值的评价，通过期望值与实现值的关系，根据顾客对菜品的满意程度，及时合理地调整菜单品种。

4. 注重时令节日的变化

季节的变化不仅影响着原料的价格，而且还影响着人们的消费习惯，因此菜单的制定要适应季节的变化。节日促销已经成为餐饮服务行业的热卖点，要善于利用节日文化促销，满足人们节日物质文化需求。

5. 了解自己生产服务情况

知己知彼百战不殆，在经营过程中，要根据自我企业的生产设备、员工技术、根据本单位硬件（设备餐室大小等）和软件（技术力量、技术水平、服务水平等）来进行菜单的筹划和设计。服务力量状况和接待服务的能力，综合考虑产品的组合结构。

四、标准档案菜单的制定

标准档案菜单是规范菜点生产、加工和制作的统一质量标准，是餐饮企业采购、生产、营销服务和财务活动的重要依据。原则上每一个正在销售的菜点都应当具有标准化的背景档案，今天的标准档案菜单多采用计算机制作和计算机管理。规范化、标准化的管理模式，就是为了保证产品质量标准的统一，因此在餐饮服务企业中，严格规范的管理，首先要落实到实处，对于标准档案菜单的制定经营者要予以足够的重视。标准档案菜单的基本内容有餐厅的名称，厨房的名称，标准档案菜单的编号，菜点的名称，菜点的风格，菜点的类别，菜点中的主料、配料、调料、装饰料的品种，菜点的单位成本和总成本，菜点的制作方法，菜点的成品特点，菜点的盛装器皿，标准档案菜单的制定时间及使用周期，菜点的售价（最低售价和最高售价），烹调师、餐厅财务和采购部门主管的签名。

五、固定菜单的封面设计

固定菜单就是在一定时期供给顾客就餐使用的相对稳定的菜单。就餐菜单作为一种沟通工具和推销手段，在整个餐饮服务系统中起着重要的纽带作用。固定菜单使用周期较长，要注重使用菜单表达情感和传递信息，固定菜单也可以叫做主菜单。

1. 封面的组成

封面是由封一、封二、封三和封四共四个版面组成，习惯将封一叫做封面，将封四叫做封底。

2. 封面大小的确定

固定使用的菜单封面在设计上一般要大一些，但是尺寸大小，要根据顾客就餐点菜时开合方便程度来定。可变菜单要明显区别与固定菜单，一般比固定菜单小，否则会喧宾夺主。

3. 封面材料的选择

作为菜单封面的材料很多，基本要求是清洁、卫生、美观、结实、耐用、挺拔、轻便、经济；在应用方面，要根据自己的创意思想和经营风格形式进行选择。目前可以作为封面使用的材料有真皮、仿皮、实木板、木板贴面、镀塑卡纸、丝绸绫缎包面、仿羊皮纸、粗面卡纸等。

4. 封面的形状

封面的形状一般多设计为长方形或正方形。

5. 封面图案纹样的设计

在设计传统图形封面时，要做到图若有形、形必有意、意必吉祥。不同色调的色彩和不同纹样的图形，在不同的国家民族，在不同的时令季节，在不同的场所，有着特定的文化象征意义，不能不分场合地随意使用。封面图案纹样的设计，要围绕着经营活动的主题进行。封面图案纹样的设计主要由专业人员完成，但是更需要餐饮经营管理人员个性化极强的想像。

六、固定菜单的版面设计

1. 版面数量

菜单的基本作用就是方便顾客快速准确地挑选菜点，带有封皮包装的菜单一般为2～6页。

2. 纸的选择

纸张选择的原则是美观大方，经济实惠和经久耐用，常用的纸张有仿羊皮卡纸、光面卡纸、粗面卡纸、仿古纸等。

3. 文字内容编排顺序

原则是方便顾客阅读，一般遵循由外向里、由左向右、由上到下的次序进行文字排版。根据就餐环境的光线，要选择形体较大的字体。在有中文和外文同时出现的菜单中，中文字排列在前面，字号要大于外国字号。中文字字体可选择宋体、黑体、隶变体、圆柱体的简化深色字体。菜单中要避免错别字、繁体字和自造字。

4. 菜单菜点内容的排列

菜单中的菜点内容排列是非常重要的设计内容，主要由餐饮、厨房、财务、采购部门的主管亲自参与制定。在正餐菜点的内容总体排列方面，首先要遵循人的味觉生理习惯，按照先冷后热、先咸后甜、先淡后重和工艺上、菜品上的搭配的饮食原则，一般安排菜点的顺序，先是冷菜、汤羹（炎热的季节可以不设)、热菜、饭点主食，后是甜点和水果，饭点主食虽然排在热菜的后面，但是可以配合冷菜、汤羹、热菜一起上桌或在热菜之后单独上桌。此外，安排菜点的顺序还要根据顾客的要求，特殊的风味上菜顺序可有所变更。

5. 菜点的位置确定

根据页面的先后顺序，首页、中心页和尾页往往比较重要，其中的中心页最重要。根据视觉心理特性测试，在同一个版面中，人的视觉中点一般集中在版面中点偏上的位置，在左右两个版面中，人的视觉中点一般集中在右侧版面中点偏上的位置。因此主菜和重点推销的菜点，应当集中在菜单右侧页面中上部的重点位置。

6. 菜点价格的设计

菜点价格要用大小与文字相同的阿拉伯数字标注。在一份菜单中，菜点的价格上下落差幅度不宜太大，最贵的菜点价格与最便宜的菜肴价格之比的倍数，理想的倍数应在3～5倍之内，菜点的价格应采用整数或尾数定价方法。

7. 菜点名称的设计

菜点名称的设计，中餐菜点要突出表现中华饮食文化，提倡名副其实、雅致得体，反对牵强附会、封建迷信、崇洋媚外。

8. 其他内容的设计

餐厅的名称、风格特点、经营时间要设计在封面或封底的位置。如果有服务费的话，要用明显的字体设计在每个页面的最下一行，文字说明简明清楚。餐厅的订餐电话设计在封面或封底的位置。广告宣传语言要恰当，能够烘托企业文化。结算方式、信用卡的使用说明设计在页面的下方或封二的上面。

9. 菜单菜点内容的选定原则

菜点选择应适应市场发展变化，满足顾客消费需求，不仅合情合理还要合法，要有明确的市场定位。菜点不宜包罗万象，面面俱到，要选择畅销的品种，选择利润较大的品种，并注意及时调整变化，重在保持自我优势和突出个情特色。

七、变化菜单的设计

变化菜单又叫可变菜单，它是相对于固定菜单而言的。变化菜单的使用周期一般是1～30天，有的变化菜单短到只用一餐的时间。变化菜单主要适用于节假日的餐饮促销，适用于特别风味食品节的宣传推广，适用于厨师长每日、每周特别精品推荐。菜单的内容相对较少，灵活多变，注重时令、节气和风味特点的变化，在设计方面应当富有创造性、趣味性和文化性，能够及时调整补充固定菜单的不足与缺陷。

1. 变化菜单营销主题的选择

只有天时地利才能人和，巧妙选择营销的切入点，就要充分选择营销的主题，主题突出是制定可变菜单的前提条件。旅游饭店餐饮重点热卖节日主要有我国传统的春节、元宵节、端午节、儿童节、中秋节、国庆节、元旦等；以及欧美国家的复活节、狂欢节、情人节、父亲节、母亲节、愚人节、感恩节、万圣节、圣诞节等。要适时制定变化菜单。

2. 变化菜单的形体造型

变化菜单可以直接写在写字板上，或写在墙壁的镜面中。在形体设计方面有长方体、正方体、圆柱体、三棱体、多面体等。在卡片的造型方面更是不拘一格，有鳄鱼形、袋鼠形、山羊形、羊头形、贝壳形、牛头形、鱼形、鸭子形、帆船形、葫芦形、扇面形、飞船形、折页形、苹果形、心形等，甚至可设计成转动轮盘式、飞镖靶盘式，以增加顾客参与活动的情趣。

八、菜单制定的原则

1. 因人制定菜单

要了解宾客的国籍、民族、宗教、职业、年龄、性别、体质、爱好和忌讳，并依此确定菜肴品种。既要尊重主宾，同时还要兼顾其他宾客。套餐菜单原料的用量以每人平均为600克净荤料和300克净素料为宜。菜点的数目，以每人平均4～6道为度。先定头菜、大菜（即主菜），再定配套菜品。不论何种规格，要以使顾客吃饱吃好为准则，保证数量和质量。

2. 因时设计菜单

要按季节精选原料，力争鲜活，丰美爽口；要按时令调配口味，酸苦辣咸、四时各宜；要考虑食医结合，适当配置滋补菜肴。冬天多烧扒，夏天多滑炒；冬天偏重浓郁味厚；夏天偏重爽口清淡，使菜点具有鲜明的时令特色。

3. 因价设计菜单

按照质价相符的原则，按照档次和规格开菜单。档次高要以量多质优为好；档次低则相对次之，但也不能粗制滥造，以粗菜细作为好。

4. 因需设计菜单

在餐饮服务中，人的需求是多元化的，表现出来的是对就餐环境、餐饮服务、原料品种、原料数量、菜点口味、菜点营养、菜点艺术的需求，以及物有所值的消费需求。

5. 设计菜单要注意菜品与菜品之间搭配合理

菜品搭配包括色、香、味、形、器、质、养的搭配和菜品工艺上的搭配。另外，本次菜单与上次菜单不要重复，要使顾客有新鲜感。

第三章 厨房管理

厨房的设计与管理是餐饮生产经营的基础，随着现代餐饮服务业的不断发展，工厂化、规范化、标准化等现代科学管理理念越来越多地融入到厨房之中，职业分工越来越细，整体生产服务协作需要加强，这就需要具备现代管理知识和掌握管理方法，以适应现代餐饮服务业的发展。

第一节 厨房设计

为了保证厨房布局的科学性、合理性、实用性，厨房设计必须由餐饮企业管理者、平面设计师、设备技术人员和厨师等专业人员共同参与。一个厨房从开始设计时，就要从整个餐饮服务全面考虑，合理的厨房布局来自于对企业的性质、餐饮服务类型、经营产品的范围、服务对象的定位等内容的综合分析，根据现代餐饮企业经营发展的需要，基本要求是安全、方便、清洁、合理、实用、经济。厨房设计应从以下方面进行考虑。

一、厨房的空间

厨房应当有一个宽敞的空间。厨房的面积大小，要根据日常餐饮经营中的接待能力、餐饮经营规模和厨房设备设施等综合考虑，一般情况我们可以把餐饮经营的空间布局整体分为公共区、接待服务区、生产加工区。在一个中型的酒店，中心厨房的整体面积一般与整个餐饮经营服务面积的比例为 3∶5 或 4∶5，天花板与地面之间的高度为 3～4 米，设备之间的主要通道不少于 1.6 米，进货口和出菜口通道不少于 2.2 米，温度设置在20℃。厨房通风要求是每小时空气流通 20～30 次，在烹调工作高峰期应增加空气流通量。

二、厨房的安全

安全是餐饮生产经营的前提。由于电力和燃气使厨房潜在着最大的不安全因素，因此要根据《消防法》和安全用电用气规定的内容进行合理的设计规划。

三、厨房的清洁

在《食品卫生法》中，对餐饮服务业的厨房设计有着明确的规定。清洁是保障食品卫生的前提，在相互独立和封闭的情况下，要设计好厨房的污水排放和排气通风系统。

四、厨房的设施

采光是厨房设计中一个重要因素，既要充分合理利用自然光线，又要有良好的照明设施。厨房中的光源要求使用日光灯型（萤光型），采用天花板灯形式照明。除此之外还涉及到供暖、供水、供气、供电、消防、排污水、排气、通讯等设施。

五、厨房的设备

厨房是一个现代化设备相对集中的饮食产品的储备、加工、生产部门，应当具有足够的贮存、切割、加热、清洗、操作台面等设备。在放置时要充分考虑到各生产部门的性质和厨房设施的相互衔接。设备摆放可以采用一字型、U 字型、L 字型、E 字型，根据生产的流水作业合理放置，排风和鼓风等设备的噪音应在 60 分贝以下。

六、厨房的部门

在一个综合性的中心厨房中，主要分为三个区域，即储物区、作业区和清洁区。应当设置的部门有办公室、储藏间、加工间、热菜间、冷菜间、面点间、烧腊间、备餐间。办公室是厨房的核心部门，为了方便内部的管理与外部的协调，应当设在餐厅与厨房的衔接处。储藏间应当靠近原料的出口。加工间应当靠近储藏间，并且与热菜间、冷菜间、面点间相互衔接。备餐间主要设在餐厅与厨房的衔接处，是存放各种加热保温等配套器皿的场地，是服务人员出入的场所。烧腊间是广东风味厨房一个特殊的部门，由于空间环境温度较高，要进行特殊安排。

第二节　厨 房 管 理

管理是一种必要的手段，良好的管理是企业经营顺利实施的保障。管理就是以个人的行为领导他人的活动方式，厨房管理就是为了实现餐饮经营目标，管理者采用具体的方法和手段，对厨房中的人财物、事件、时间、空间和信息的计划组织和协调指挥。厨房管理的目的是最大限度地提高工作效率，提高经济效益，降低原料成本，降低管理费用。根据管理的内容不同，厨房管理可以分为物品原料管理、劳动组织管理、生产流程管理、产品质量管理、安全卫生管理、人力资源管理等。

一、物品原料管理

物品原料管理就是对物进行管理，主要是对生产设备、设施、器具、原料的维护、保养、采购、储备的管理。

1. 原料采购基本要求

(1) 及时掌握货源信息　及时了解掌握货源信息，是把握市场原料品种质量行情的基础。只有将餐饮生产服务计划与原料市场有机地结合在一起，才能控制好原料的成本。

(2) 合理制定采购计划　根据餐饮总体经营目标和计划，以及日常生产的产品品种、规格和质量标准，按照季度、月份、星期的时间周期，详细制定采购计划，确定原料的品种、数量、规格、价格、使用日期。要防止采购工作的随意性、盲目性和无序性。

(3) 品种规格质量对路　采购的原料必须是货真价实、适合生产产品的原料，要以销定进，以进促销，减少原料的积压，加强产品的销售，加快资金成本的周转，从而做到产供销的良性循环。

(4) 建立完善的供货渠道　随着社会商品销售正常渠道的建立，销售服务形式日益完善，买方与卖方签订订货合同或委托代购已成为日常采购大宗原料的主要方式，通过订货合同确定双方的责任义务。

(5) 加强质量检查指导　在加工使用过程中，要对原料不断地进行质量检查，发现问题及时处理，通过产品销售情况和库存情况，及时掌握原料的使用结果，及时调整采购计划。

2. 原料储备基本要求

(1) 进货验收入库登记　对于到达的原料要由专人负责，全面、仔细、认真地检验查对，确认无误后收货签字登记入库，要根据原料的性质，分门别类随卡入库，合理放置。

(2) 做好原料保管工作　定量的原料储备是产品生产的基本保证。要严格掌握原料的有效保质期，正确控制原料贮存的环境温度、湿度，尽量减少原料的库存周期。要加快原料资金的周转，降低原料储备管理的费用。

(3) 出库领用严格登记　领用原料要填写原料申请领用单，及时登记原料出库的情况。

(4) 及时盘存审查核对　原料管理要做到日清、周盘和月结，为原料的正常采购、日常使用和成本核算提供详细的数据资料。

二、劳动组织管理

1. 劳动组织管理的要求

定岗定员合理，岗位职责明确具体，分工合作定额管理，组织结构合情合理，奖惩规章严格执行。

2. 厨房岗位组织结构

厨房岗位组织结构的合理设置，要以劳动生产分工合作为主体，尽量减少不必要的层次与环节。在一个中型饭店和酒楼（饭庄）中，一个综合性中心厨房应设有主管厨师长、助理厨师长、部门领班、岗位厨师和见习厨师。厨师定岗应当根据技术等级和业务技术考核结合进行，由高级技师（国家职业资格一级）、技师（国家职业资格二级）、高级厨师（国家职业资格三级）、中级厨师（国家职业资格四级）、初级厨师（国家职业资格五级）组成的技术队伍。

3. 定员的方法

定员的方法主要有比例定员、劳动效率定员、岗位定员和设备定员等。一般厨房的定员是：每日平均接待顾客人数与厨师人数之比为10∶1；从事面点、冷菜、热菜、加工的人数之间的比例为1∶1∶3∶1。

4. 班次安排方法

厨房中岗位多差异大，班次安排必须适应营业的需要。不仅要做到闲时少留人，忙时人手足，还要严格执行《劳动法》。厨房的班制常见的有一班制、两班制和三班制，在每个班制中又有不同的班次，常见班次有早班（6∶00～14∶00）、中班（10∶00～18∶00）、晚班

(14：00～22：00)、日班（9：00～17：00)、两头班（9：00～13：00　18：00～22：00)。一般情况可以采取轮换的或滚动的方式安排班次和公休。

三、生产流程管理

厨房生产流程由每一个部门内部、部门之间具体的环节共同组合而成，加强彼此之间的沟通和协调，是管理者的主要工作。生产流程管理的要求是制定标准的档案菜单，制定详细的岗位职责，及时沟通，相互协调，严格控制每一环节。由于独立手工操作的劳动性质，很容易造成我行我素，所以要制定标准的档案菜单和相关操作规程，以进行定性、定量、规范、标准化的管理，减少因员工各行其是而影响统一质量标准实施的现象发生。

四、产品质量管理

质量是餐饮企业的生命，是管理中的纲。质量管理主要是正确处理好速度、规模、质量、效益之间的相互关系，而不是简单地判定某一菜品的好与坏、多与少。产品质量管理要求制定产品的具体质量标准，监督产品生产加工的每一个环节，及时征求顾客的意见，提高员工的职业素质，严格把住成品的质量。

五、安全卫生管理

要做到安全第一，首先就要防患于未然。安全生产是餐饮经营活动的前提条件，在厨房小小的空间里，往往集中了照明用电、工业用电、燃气、蒸汽、切割设备、切割器具等，其中潜伏着巨大的危害。在安全管理中，一定要实行安全责任明确到人到岗的制度，管理人员要及时检查，及时处理违章行为，做到不留任何安全隐患。厨房中的卫生主要有食品卫生、个人卫生和环境卫生。要严格遵守《食品卫生法》，制定严格的奖惩制度，确保各项卫生制度的实行，特别是保证食物成品达到卫生标准。

六、人力资源管理

加强人力资源管理是餐饮企业可持续发展的客观需要。餐饮企业之间的竞争，归根结底是人才的竞争。只有不断的培训、考核和激励才能发展人的个性，培养其创造能力，激发人的主动性和创造性，培训、培训、再培训的终身职业教育观念已经渗透到企业之中，有计划的培训与考核就是开发人力资源，通过不断地提高员工素质，达到提高产品服务质量的目的。激励员工是现代科学管理的重要标志，强调人的力量，注重人的个性，培养团队精神，是现代企业文化的基本内涵，良好的团队精神是企业成功的希望，因此，需要管理者不断地激励、培养员工的向心力和凝聚力。激励的方法主要有环境气氛激励、目标理想激励、榜样激励、荣誉激励、感情激励、奖励激励。作为一名现代管理者，必须具有现代管理意识，要不失时机地去激励每一位员工，而不要简单地、粗暴地、无情地指挥说教。

第三节　厨师长的岗位职责

饭店是提供综合服务的企业，厨房是生产有形物质产品的重要场所。厨师长有权设计厨房的组织结构和各级人员的岗位职责，以便有效地组织开展生产活动。在一个中型饭店中心厨房厨师长的工作职责如下。

一、厨师长的任务

在上级经理的直接领导下，根据企业下达的经营指标和经营活动计划，全面负责领导厨房的日常工作，不断开发产品，提高产品质量，有效地控制原料成本和生产管理费用，协调与各部门之间的工作关系，及时向上级领导汇报工作进展情况和问题。

二、厨师长的权利

有权决定参与下级定岗、定职、定责的人事行政事务，有权使用、维护厨房的设备设施，有权制定和修改相应餐厅经营的菜单，有权保护原料不受损失，有权建议制定修改年度餐饮经营计划。

三、厨师长的职责

接受并服从上级领导的直接管理；制定厨房年度、季度和月份工作活动计划；制定各种菜单；制定全年培训考核计划；制定原料采购计划；制定部门厨师领班的岗位职责，组织、指挥、监督、检查厨师领班的日常工作；考核、评估、奖惩、激励每一位厨师，监督检查整个厨房厨师的日常工作情况；认真听取反馈意见，掌握原料市场信息行情，积极了解原料使用和库存情况；监督检查设施设备的使用情况；关爱下级每一位厨师；组织实施各种计划，了解餐饮市场的变化格局和时尚潮流。

四、厨师长的素质

作为一名厨师长，应当具有较好的气质、品质、体质、意志、才智，具有较强的实践技术能力、组织管理能力、研发创新能力、人际关系能力、市场洞察能力和学习的能力等。

第四章　餐饮经营管理知识

现代餐饮经营管理工作是一项系统性、科学性、日常性和事务性的工作，餐饮经营管理就是指管理人员对人、财、物、时间、空间、信息进行的有效组织、指挥、协调和控制，以最小的代价换取最大的成果。经营是企业为生存发展最根本的目的而进行的活动，就是通过最佳的产品服务组合形式获取最佳的经济效益。管理则是保障经营的手段，就是通过行之有效的组织指挥、协调控制和激励活动等，保证企业经营活动的顺利正常进行。

第一节　餐饮经营管理概况

我国餐饮服务行业已经成为提供就业人数最大、经营效益良好的服务产业，它是通过食品加工、生产、服务、环境、设施等进行综合性服务的行业，具有前店后场生产销售服务同步进行的经营模式特点。

一、餐饮服务业的特点

1. 依赖性

餐饮服务业的生存发展对国民的经济收入、消费观念的更新和商务旅游顾客有着强烈的依赖特性。餐饮服务业是一个反映社会经济现状的重要经济文化窗口，是展现文化、经济发达繁荣的标志。

2. 广泛性

坐店式经营模式是传统餐饮服务业的特点，今日最为活跃的餐饮服务业正在超越时代的传统境界，餐饮经营服务从单一传统的坐店式经营模式，逐渐发展成为多种类型的服务形式。

3. 文化性

不同的地域、民族、国家的饮食传统现代文化，在经营服务过程中被充分地体现出来，释放出多元化的文化色彩，反映出不同国家、地区、民族异彩纷呈的文化魅力。花无艳丽不鲜，店无特色不活，突出特色经营主题是餐饮经营活动的关键所在。

4. 波动性

餐饮经营时刻经受着天时、地利、人和因素的考验，时令节日的变化、原料品种价格的变化、市场经济环境的变化等，都在时刻影响着餐饮业的经营。

5. 间歇性

餐饮经营主要围绕着人们的饮食生活规律进行，因此餐饮经营的热点高峰主要集中在早晨、中午和晚间时刻，这就形成了较为稳定的餐饮生产销售服务的间歇特性。

二、餐饮经营的前提

餐饮经营就是为了实现预期的盈利目标，有计划、有组织地开展市场预测分析、采购保管、加工生产、营销服务等系列活动。餐饮经营活动的主要工作内容有：市场的调查分析、目标市场的预测、目标市场的细分、制定经营思想策略、制定经营计划目标、组织激励员工销售生产服务、反馈市场信息、调整经营计划目标、人力资源开发等。

1．确定经营思想

经营思想是指导企业经营的灵魂，坚持正确的经营方向，依据国家现行的有关法律规定进行经营，建立健全现代企业管理机制，坚持市场经济原则，以经济效益为中心，培养团队协作精神，不断提高产品服务质量，确立阶段发展计划。

2．确定经营策略

在市场经济环境下，餐饮经营主要依靠的是实力竞争，然而运筹于帷幄之中，决胜于千里之外的则是策略，餐饮经营的策略多种多样，没有定式化的模式，但是突出文化背景主题是最为明显的经营特征。经营策略主要体现为单独产品策略、综合产品策略、地方风味策略、民族风味策略、大众产品策略、外国风味策略、灵活经营策略、差别市场策略、传统食品策略、现代食品策略等。

3．确定经营计划

经营工作计划是开展经营活动的行为依据和指导思想，由于餐饮部门分工、工作性质、周期长短的不同，因此餐饮经营的活动计划也不相同，在餐饮各个部门之中经常见到的工作计划有：食品销售计划、原料采购计划、厨房产品生产计划、餐厅服务接待计划、营业收入计划、食品成本计划、经营管理费用计划、年季月度营销活动计划、市场调查计划、设备设施维护保养计划、安全卫生管理计划等。

三、餐饮经营部门组织的设置

由于饭店餐饮企业的规模、大小、等级以及经营主题的差异较大，在餐饮经营部门组织的设置方面，不能生搬硬套，要充分考虑实际经营运转情况，不能盲目设置，以避免部门组织相互交叉重叠和人浮于事。大中型综合性酒店餐饮经营部门组织的设置情况如下：

1．部门的设置

在大型综合性的饭店中，以餐饮经营为主体的主要经营部门，根据具体经营情况，可以设置餐厅部、厨房部、采购部、管事部、销售部、宴会部、送餐部等。其中餐厅部还可以设有中餐厅、西餐厅、咖啡厅、酒吧服务。宴会部设有宴会厅、多功能厅服务。厨房部设有中餐厨房、西餐厨房、咖啡厅厨房等；有的可以设置中心厨房和风味厨房。采购部设有采买和库管。管事部设有清洁和库管。送餐部设有客房、会议和外卖。销售部设有宴会食品促销、时令节日食品促销和大型会议活动促销。

2．组织的设置

厨房部中的人员组织结构设置一般按等级高低分为行政总厨（总厨师长、行政主厨、厨师长）、主管厨师（如中餐主厨、西餐主厨、饼房厨师长、肉房厨师长、加工间厨师长、热菜间厨师长、面点间厨师长、冷菜间厨师长）、领班厨师、厨师、实习厨师（见习厨师）。在现实工作中为了明确职责权利、工作到位和提高效率，行政总厨、主管厨师和领班厨师一般不增设副职，行政总厨可以设置总厨助理协助日常工作。在各级人员的技术等级结构方面，应当具备相应的高级技师（国家职业资格一级）、技师（国家职业资格二级）、高级厨师（国家职业资格三级）、中级厨师（国家职业资格四级）、初级厨师（国家职业资格五级）的技术人员组合。厨师包括烹调师和面点师两类人员。

第二节　原料的采购供应

采购供应的管理工作是餐饮经营管理的一项重要环节，它直接影响着餐饮企业流动资金使用、产品加工生产、产品质量、成本消耗和经营效益。

一、年度原料采购计划的编制方法

年度计划的主要任务，是按照年度周期来确定原料采购、流动资金的分配使用和周转金的需要量，确定有效库存量，加速流动资金的良性周转。

1. 直接计算法

直接计算法是以餐饮营业收入计划为基础，根据计划成本指标和资金周转次数来确定资金需要量。

采购周转资金需求量＝年度采购资金需求量÷计划资金周转次数

年度采购资金需求量＝基本库存额＋原料成本额

2. 间接计算法

间接计算法是以上一年度原料采购资金实际用量为基础，通过分析业务量增减变化和采购资金合理使用程度来确定资金需要量。

采购周转资金需求量＝年度采购资金需求量÷计划资金周转次数

年度采购资金需求量＝上一年度采购资金总额×（1＋业务增减率）

二、月度原料采购计划的编制方法

1. 分类计算法

由于厨房使用的原料品种繁多、性质各异和货架期的不同，以及储存环境条件的局限，为了较为准确地确定进货数量，在餐饮原料采购进货时，通过将不同性质的原料分别确定间隔周期来制定采购计划，分别或集中进货，例如将高档干货原料间隔期定为2～3个月，粮食原料为1个月，禽肉水产冻货为1～2周，冷藏原料鲜蛋、腌菜、咸肉、香肠、奶酪、调料3天～1周，新鲜蔬菜、鲜活水产1～5天。

2. 根据历史资料计算法

进货数量＝进货间隔周期×日均需求量－库存余额＋保险数量

三、日常原料采购计划的编制方法

日常原料采购的目的主要是为了及时调整补充月度采购计划品种数量的不足。日常采购同样需要有组织、有计划、有申请，一般由各厨房主管提前一或两天填写申请购货单，汇总到厨师长办公室，经过财务结算部门审查核定后，可由采购部门及时进行采购进货。

第三节　餐饮成本控制

餐饮产品的成本构成非常复杂，随着供应市场、消费市场的不断变化，价格会发生上下波动，很重要的原因是食品成本始终处于变化浮动之中，因此成本控制是一项复杂细致的、连续性的和日常性的工作。

一、餐饮产品的价格构成

1. 餐饮产品的价格内容

餐饮产品的价格是以价值为基础的，其价值之一是物化价值的转移，具体是原料的价值，设备、设施、房屋、家具、餐厨器具、水电燃气消耗折旧价值；价值之二是劳动价值的转移，主要是指劳动力的价值，包括员工的工资、福利、劳保和奖金；价值之三是劳动力的创造价值的转移，主要是税金和利润，利润是餐饮企业扩大再生产发展的基础。

2. 餐饮产品的价格计算形式

在餐饮服务行业中对产品服务的价格计算方面，由于内容项目琐碎繁杂，为了方便计算价格，一般把设备设施、房屋家具、餐厨器具、水电燃气消耗折旧价值、劳动力价值合并为营业费用，原料成本与营业费用构成了产品的经营费用，营业费用、税金和利润构成了毛利，基本公式：

饮食产品的价格＝原料成本＋产品毛利

饮食产品的价格＝原料成本＋营业费用＋税金＋利润

二、成本的种类

在餐饮经营过程中关于计算成本的方式还有其他形式。

1. 直接成本与间接成本

直接成本是在产品生产过程中直接消耗的成本，不需要分摊即可加入到产品成本中去的那部分成本，如原料费、人工费和水电燃气费。间接成本是指需要通过分摊才能加入到产品成本中去的各种耗费，如营销费、维修费、培训费和管理费等。

2. 可控成本与不可控成本

可控成本是指餐饮管理过程中，通过员工主观努力可以有效控制的各种消耗，如煤水电气设备设施、器皿物品的使用维护与保养费用。不可控成本是员工不能通过主观努力有效控制的各种消耗费用，如还本付息、工资、折旧费用等。

3. 固定成本与变动成本

固定成本是指在一定时期内和一定经营条件下，不随餐饮产品生产和销量的变化而发生变化的那部分成本，如固定工资、折旧费、贷款利息、房屋租金和管理费等。变动成本是指在一定时期内和一定经营条件下，随餐饮产品生产和销量的变化而变化的那部分成本，如原料成本、清洁费、燃气费和水电费等。

4．边际成本与机会成本

边际成本是增加一定产销量时所追加的部分成本。机会成本是指为了达成一个赚钱机会所放弃的其他机会所能带来的但却失去了的好处。

三、餐饮产品中的成本核算

由于餐饮业经营品种形式多样性和复杂性的特点，因此产品成本只计算原料成本，其他经营过程中的各种耗费统一作为营业费用合并处理，原料成本核算主要以原料中的主料、配料和调料分别进行计算，一般情况主料的用量较大价格较高，是成本核算中的主要内容。

1．成本核算的组织形式

餐饮餐品的成本核算，根据企业经营管理体制的不同，其组织形式主要有两种：一是由餐饮部门负责，由餐饮部会计或成本核算专职人员进行成本核算，填写日常报表。二是由财务部门负责，由财务部门的成本会计部会计专职进行成本核算。

2．成本核算的基础工作

餐饮成本核算可以分为厨房成本核算和会计成本核算，前者主要为厨房生产和产品订价服务，控制厨房实际成本的消耗，同时为会计成本核算提供基础数据。

（1）成本核算的原始记录　正确进行成本核算，必须建立原始记录制度。采购、储存、领料、发料和销售等各个环节都要做好原始记录工作。具体内容包括原料进货发票、领料单据、转账单据、盘存单据、原料报损报告单据、生产成本记录和生产日报等。

（2）成本核算方法　成本核算的方法主要有最低成本控制法、经验成本控制法、定额成本控制法和责任成本控制法等。

四、成本核算中的计算方法

1．净料率（成品率）的计算方法

净料率是鲜活原料加工整理之后的净料质量与毛料质量之间的百分率。

$$\text{净料率（成品率）（\%）}=\frac{\text{净料质量}}{\text{毛料质量}}\times 100\%$$

2．涨发率的计算方法

涨发率是干货原料加工整理之后的净料质量与毛料质量之间的百分率。

$$\text{涨发率（\%）}=\frac{\text{净料质量}}{\text{毛料质量}}\times 100\%$$

3．净料成本的计算方法

净料成本等于毛料总成本除以净料质量。

$$\text{净料单位成本}=\frac{\text{毛料总成本}}{\text{净料质量}}$$

4．销售毛利的计算方法

销售毛利是在产品销售过程中附加的价值，由利润和税金构成。

销售毛利＝产品价格－产品成本

5．销售（内扣）毛利率的计算方法

销售（内扣）毛利率是销售毛利与销售价格之间的百分率。

$$销售（内扣）毛利率（\%）=\frac{毛利}{价格}\times 100\%$$

6. 成本（外加）毛利率的计算方法

成本（外加）毛利率是销售（内扣）毛利与产品成本之间的百分率。

$$成本（外加）毛利率（\%）=\frac{毛利}{成本}\times 100\%$$

7. 成本率的计算方法

成本率是指成本在销售价格中的百分率。

$$成本率（\%）=\frac{成本}{价格}\times 100\%$$

成本率＋销售（内扣）毛利率＝1

8. 成本（外加）毛利率与销售（内扣）毛利率的相互换算

成本（外加）毛利率＝销售（内扣）毛利率÷（1－销售毛利率）

销售（内扣）毛利率＝成本（外加）毛利率÷（1＋成本毛利率）

9. 成本毛利率计算价格方法

产品价格＝成本×（1＋成本（外加）毛利率）

10. 销售（内扣）毛利率计算价格方法

产品价格＝成本÷（1－销售（内扣）毛利率）

11. 带有附加服务费的销售价格计算

产品销售价格＝产品标价×（1＋附加服务费率）

12. 调整价格的计算方法

新调价格＝原价格×（1＋调价增减率）

五、成本核算实例

例 1 已知某种菜肴所用的主料毛料质量是 1 千克，进料单价成本 20.00 元/千克，加工之后的主料净料率是 70%，试求主料净料的单位成本是多少元？

解：净料质量＝毛料质量×净料率

＝1×70%

＝0.70（千克）

净料单位成本＝毛料总成本÷净料质量

＝1×20.00÷0.70

＝28.6（元/千克）

答：净料的单位成本是 28.6 元/千克。

例 2 已知某种菜肴中使用的主料净料质量是 400 克，毛料进价是 80.00 元/千克，净料率是 80%，试求该菜中主料的成本是多少元？

解：净料质量＝毛料质量×净料率

毛料质量＝净料质量÷净料率

＝0.4÷80%

＝0.5 千克

净料成本＝毛料总成本×进料价格

=0.5×80

=40.00（元）

答：该菜中主料的成本价格是40.00元。

例3 已知某一菜肴的售价是38.00元，成本率是40%，试求该菜肴的毛利是多少元？

解：成本率（%）$=\frac{\text{成本}}{\text{价格}}\times 100\%$

成本=价格×成本率（%）

=38×40%

=15.20（元）

毛利=价格－成本

=38－15.20

=22.80（元）

答：该菜肴的毛利是22.80元。

例4 已知某一菜肴中的原料总成本是8.00元，规定执行的销售毛利率为50%，试求该菜肴的销售价格是多少元？成本毛利率是多少？

解：产品价格=成本÷（1－销售毛利率）

=8÷（1－50%）

=16.00（元）

成本毛利率=销售毛利率÷（1－销售毛利率）

=50%÷（1－50%）

=100%

成本毛利率（%）=毛利÷成本×100%

=8÷8×100%

=100%

答：该菜肴的销售价格是16.00元，成本毛利率是100%。

例5 在某一大型宴会销售活动中，计划销售价格标准是168.00元/每人，接待人数总数是500人，规定执行的销售毛利率是60%，试求计划投入的原料成本应是多少元？

解：成本=产品价格×（1－销售毛利率）

=168×500×（1－60%）

=33 600.00（元）

答：计划投入的原料成本应是33 600.00元。

例6 某一餐厅一天中的食品营业总收入是14 860.00元，销售毛利率为60%，其中包含附加服务费，餐厅附加服务费为10%，试求这一天中原料的总成本应当投入多少元？

解：菜肴价格=销售价格（含附加服务费）÷（1+附加服务费）

=14 860÷（1+10%）

=13 509.09元

成本=产品价格×（1－销售毛利率）

=13 509.09×40%

=5 403.64（元）

答：这一天中原料的总成本应当投入 5 403.64 元。

例 7 根据饭店总体经营管理目标的规定，某一餐厅年度按 360 天计算，应当完成的食品销售定额指标为 680 万元，规定中的成本率为 40%，试求完成年度计划指标每月需要原料成本费用多少元？

解：成本率（%）$=\dfrac{成本}{价格}\times 100\%$

年度总成本＝价格×成本率（%）

＝6 800 000×40%

＝2 720 000 元

每月成本＝年度总成本÷12

＝2 720 000÷12

＝226 666.67（元）

答：完成年度计划指标每月需要原料成本费用是 226 666.67 元。

第五章　中式面点制作工艺

第一节　中式面点的概况

面点制品是餐饮服务中的不可缺少的食物品种，面点不仅可以成为主食，而且还可以作为精美的甜食更好地美化饮食生活。

一、中式面点的品种分类

1. 根据主要构成原料的品种可以分为麦类、米类、杂粮类和其他品种。

2. 根据突出的口味特点不同可以分为咸点和甜点。

3. 根据食用时的温度可以分为热点和冷点。

4. 根据烹制成熟方法不同分为蒸点、炸点、烙点、烤点、煮点和煎点，以及其他综合熟制品种。

5. 根据形态特征不同分为糕、饼、团、粉、条、包、羹、冻、饭、粥制品。

6. 根据馅心的主要原料品种不同分为荤馅和素馅。

7. 根据地域不同分为京式、苏式、粤式、川式、晋式和泰式等品种。

8. 根据面点成型制作方法可分为搓、包、卷、捏、抻、切、削、拨、叠、摊、擀、按、钳花、滚沾、镶嵌以及模具制作等方法。

9. 根据食用方式可分为饭面主食、精制点心和以粮食为主体制作的小吃等。

二、中式面点的主要地域流派

幅员辽阔的疆土、丰富的物产资源和众多的民族风情，塑造了中国面点制品多元化的文化色彩。在原料方面形成了“南米北面”，在口味方面形成了“南味北味”的基本的特征，在地域方面则形成了京式、苏式、粤式、川式、晋式、秦式等重要流派。

1. 京式面点

京式面点是以北京地区面点品种为代表，黄河下游流域以北地区流行的面点品种统称，是北派北味面点的特色代表。在原料选择方面，主要以小麦面粉、杂粮食品作为基础原料，品种多以面食为主，烹制方法多样。京式面点源于悠久灿烂的民族文化历史，荟萃了我国东北、华北等地区的人民以及满族、回族和蒙古族等多个兄弟民族的饮食传统，又经过相互融会贯通形成一个体系。体现出自然豪放和朴实大方的特点，有着浓郁的汉族风格、回族风格和古代宫廷风格，既可作为餐中主食小吃，也可作为餐后甜品食用。著名的品种有肉末烧饼、芝麻烧饼、烧卖（烧麦）、包子、春卷、艾窝窝、清油饼、豌豆黄、小窝头、龙须面、褡裢火烧、蜜麻花、焦圈、豆面糕、黄米面炸糕、甜咸卷果（裹）、自来红月饼等。

2. 苏式面点

苏式面点以江苏地区为中心，泛指长江下游流域地区主要包括浙江、上海地区的流行面点制品，是南味南派面点的主要代表。苏式面点中以苏州面点最具特色，讲究馅心，制作精巧，造型精美典雅，讲究"松、软、柔、糯、香甜、肥润"，以米粉糕团最为见长，既可作为餐中主食小吃，也可作为餐后甜品食用，代表品种有汤圆。苏式面点的代表品种有蟹黄汤包、三丁包子、翡翠烧麦、苏州花色船点、千层油糕、猪油年糕、玫瑰白果蜜糕、蟹壳黄、黄桥烧饼、鱼批馄饨、煎包、重油酥饼、吴山酥油饼、宁波汤圆、马蹄酥、千张包子等。

3. 粤式面点

粤式面点以广东地区为中心，泛指岭南地区珠江游流域地区流行的面点品种，以广州面点为代表，代表南派南味面点特色。在原料选择方面，擅长以米粉、澄粉作为基础原料。成熟方法突出蒸、炸、煮、煎。在制作工艺方法上"古今结合，南北结合，中外结合"，不拘一格，形成了许多传统与现代相互交织的特色面点品种，形成了典型的岭南风格。既可作为餐中主食小吃，也可作为餐后甜品食用。代表品种有芋头糕、萝卜糕、马蹄糕、莲茸包、叉烧包、澄面鲜虾饺、甘露酥、蛋皮酥、广式月饼、煎堆、蛋塔、蜂巢芋饺、鹅肠粉、粉果等。

4. 川式面点

川式面点是指长江中上游四川、贵州、云南等我国西南地区流行的面点制品，以四川面点为代表。四川面点同四川菜一样个性鲜明，别具一格，简单实惠，朴实无华，有着浓重的乡土气息。在原料选择方面，既擅长面食又精于米食，米面杂粮兼而有之。在口味方面注重麻、辣、酸、甜、咸，口味浓厚。既可作为餐中主食小吃，也可作为餐后甜品食用。代表品种有抄手、汤圆、茗饼、凉粉、三合泥、珍珠圆子、荷叶蒸饼、担担面、蛋烘糕、八宝枣糕、白果糕等。

5. 晋式面点

自古以来山西素有面食之乡的美誉，晋式面点是我国北方面点的一个重要流派，以山西面点为代表。山西面点在原料方面主要以小麦面粉为主，以五谷杂粮为辅，形成独特的地域面食风格，制作手法灵活巧妙。山西面点在口味上则突出咸鲜醇香，喜欢配食陈醋调味，多制作卤汁菜码伴以面食，尤其是在莜面、荞麦、豆面、谷粉、玉米、高粱等杂粮面点制作方面独特之处，多做为餐中主食小吃之用。代表品种有溜尖、莜面栲栳、拨鱼、刀削面、刀拨面、抿曲、头脑、闻喜饼、锅贴、猫耳朵、四喜饺、空心饼、太古饼、烫面炸糕。

第二节　面点原料知识

制作面点原料主要有谷物、豆类、薯类和其他品种。

一、谷类

1. 大米

大米是由稻谷加工而成。稻谷种类根据自然生长环境分为水稻和旱稻，根据成熟期的长短可以分为早稻、中稻和晚稻，根据米粒的形态和特性分为籼稻、粳稻和糯稻。

(1) 籼米　俗称机米，基本特点是粒形细长，色泽灰白半透明，本质酥松，硬度较小，直链淀粉含量相对较高，黏性较小，胀性较大，口感粗糙，适用于松质的米饭、米糕（伦敦糕、水塔糕、水晶糕）、米粉和米线制品。主要产于我国江苏、浙江、湖南、广东、四川、云南等地。

(2) 粳米　基本特点是粒形短圆，色泽蜡白光亮、半透明，角质硬度较大，支链淀粉含量相对较高，黏性较大，胀性较小，口感柔软香滑有弹性，香味浓郁，适用于饭团、年糕和打糕制品。主要产于我国东北地区的黑龙江、吉林、辽宁，华北地区的天津和河北，以及华东地区的江苏、浙江和安徽等。

(3) 糯米　称江米，糯米中有粳糯（圆粒）和籼糯（长粒）之分，基本特点是粒形有细长和短圆，色泽灰白半透明，角质硬度较小，相对长粒品种，圆粒品种支链淀粉含量较高，黏性较大，胀性较小，口感柔软黏滑，熟后透明度较高，适用于黏质的八宝饭、粽子、米糕和饼糕制品。主要产于我国江苏、浙江、四川、云南、吉林、黑龙江。

(4) 其他品种　黑米又称墨米、紫米，属于糯米中的一个变种，基本特点是色泽呈黑紫色，粒形较长，黏度较低，适用于粥品甜食，著名品种有陕西洋县黑米和广西东兰墨米。鸭血糯属于糯米中的一个变种，基本特点是色泽呈紫褐色，粒形较粗长，黏度较低，适用于粥品甜食，著名品种是江苏常熟的鸭血糯。香米也属于糯米中的一个变种，基本特点是色泽蜡白透明，粒形较长，黏度较高，口感软糯，清香宜人，适用于饭团、粥品甜食，市场商业品种主要有云南香米、福建香米和泰国细眉香米。

2. 麦粉

麦粉又称小麦面粉，由小麦加工而成，小麦的种类根据播种季节不同分为冬小麦和春小麦，根据麦粒的硬度不同分为硬质小麦和软质小麦，根据麦粒的颜色分为白麦、红麦和花麦。

(1) 等级粉　小麦面粉中70%的营养物质是淀粉，其中直链淀粉约占20%～30%，支链淀粉约占70%～80%；蛋白质含量为5%～12%。面粉的筋力是由面粉中麦胶蛋白和麦谷蛋白共同形成的，麦胶蛋白形成延伸特性，麦谷蛋白形成凝结特性。根据小麦面粉中的蛋白质含量，传统上依次分为富强粉、标准粉和普通粉。每种面粉根据灰分和粉色不同又分为一级、二级和三级。富强粉又称特制粉和精白粉，特点是色泽洁白，含麸量小，面筋质强，适用于发酵类及面条类制品。标准粉是日常使用量最大面粉，其特点是含麸量低于普通粉高于富强粉，色泽微黄，适用性较广，几乎适用于不苛求白色的一切面食。普通粉的特点是色泽较黄，含麸量较高，面筋质较低。为了提高面粉色泽的洁白程度，在面粉使用添加增白剂方面，国家严格规定了增白剂氧化苯甲酰的添加数量。

(2) 专用粉　为了适宜特殊的需要利用特殊小麦品种加工的面粉称为专用粉，品种有面包粉、蛋糕粉、面条粉和自发粉等。面包粉主要采用蛋白质含量较高的硬质小麦制成，蛋白质含量高达12%，筋力强劲，适用于发酵面团制品。蛋糕粉主要采用淀粉含量较高的软质小麦制成，适用于蛋糕、饼干制品。面条粉主要采用蛋白质含量高的硬质小麦制成，筋力强劲，弹性度好，适用于面条制品。自发粉是在普通面粉中添加膨松剂（碳酸氢钠和磷酸氢钙），适用于烤、烙、煎、炸的膨松制品。

3. 玉米

玉米又称苞米和棒子，主要营养成分为碳水化合物，根据颜色不同有紫色、黄色和白色品种，根据性质不同有粉质型、糯质型、甜质型和爆裂型，黄色品种中含有较多的胡萝卜素。

玉米面粉的特点是柔韧性小，黏度小，膨松性和可塑性差，成品特点是口感粗糙发硬，常常添加其他原料配合使用。

4. 小米

小米又叫粟，是由谷子脱壳加工而成，根据性质的不同有粳粟和糯粟，糯粟品种黏性较强，根据米粒的颜色不同有白色和黄色品种。

5. 黍米

古称为稷，是由黍子脱壳加工而成，根据性质的不同有粳、糯两种，粳型俗称糜子，糯型俗称为黄米，黏性较强。

6. 高粱

高粱根据种粒的颜色不同有白、红、黑、黄等品种，根据性质的不同有粳和糯两种，糯性品种，黏性较强。高粱中含有较多的鞣酸成分，使得口味发涩，成品颜色发红，并且影响人体对蛋白质的吸收，黏高粱适宜黏性的糕饼。

7. 荞麦

荞麦又称乌麦，有甜荞、米乔、苦荞等品种，以甜荞品质最好，主要产于高寒的西北、华北、东北地区。

8. 莜麦

莜麦俗称油麦，颜色灰暗，麦麸含量较低，蛋白质含量较高，脂肪含量是小麦的两倍（易引起酸败变质）。莜麦面易引起腹胀，不宜消化，加工前面粉需要经过三熟（炒熟、蒸熟或烤熟）处理。

9. 青稞

青稞又称元麦、裸大麦，主要产于西藏、青海高寒地区，有花紫、白、黑品种，是藏族同胞加工酥油糌粑（用酥油、白糖调和炒制的青稞面粉）的主要原料。

二、豆类

1. 红小豆

红小豆又称赤豆、红豆，种粒为椭圆形，主要营养成分是碳水化合物，主要产于我国东北、华北杂粮生产地区。主要适用于甜馅心及红豆沙甜品。

2. 绿豆

绿豆种粒为椭圆形，根据种粒的皮色不同有青绿、墨绿、黄绿等品种，主要产于我国华北地区，适宜做绿豆糕和凉粉。

3. 豌豆

豌豆主要产于我国四川、河南、江苏、湖北等地区，种粒有圆形、椭圆形、扁圆形，颜色有黄色、褐色、绿色、玫瑰色之分，营养成分主要是碳水化合物。适宜做豌豆黄和豌豆粥等。

4. 大豆

大豆种粒外皮颜色有黄色、青色、黑色、紫色等品种，主要营养成分为蛋白质，其次是碳水化合物和脂肪，在面点制作中常作为辅助原料。

三、薯类

1. 马铃薯

马铃薯又称土豆、山药蛋，粉质品种，性质细腻、软、糯香滑。蒸熟或煮熟后制成茸泥，加入适量的其他原料，适宜咸甜糕点的制作。

2. 甘薯

甘薯又称山芋、番薯、红薯、白薯、地瓜、红苕，我国大部分地区出产，皮色有红、白、紫色品种，薯肉颜色有白、黄、桔红品种，白色品种含淀粉较多，适用于加工淀粉，红色品种甜度较高，胡萝卜素含量较多。

3. 芋头

芋头又称芋艿，形态有圆形、圆筒形、椭圆形，魁芋形体较大，重1公斤至2公斤，香味较浓，粉质较多，黏滑爽口，性质软糯，可塑性强，以广西荔浦芋头、台湾芋头、福建芋头、四川芋头为代表，小型品种有多子芋和多头芋，主要产于我国广东、广西、台湾、江苏、安徽等地区，芋头适用于面皮甜品制作。

4. 山药

山药的形体有圆筒形、扁块形、长柱形等，山药质坚粉足，质地细嫩，肉色洁白，主要产于我国江西、四川、贵州、云南、河南、河北、山东、陕西等地区，其中以河南沁阳、陕西华县的淮山药的品质最好。

四、其他品种

1. 澄粉

澄粉又称小麦淀粉、小粉，澄粉是由小麦面粉经过粉洗加工，除去面筋质后，再经过沉淀，滤干水分，晾晒至干，研磨至细的粉料，色泽光亮，性质软糯。成品特点是可塑性强，晶莹剔透，光泽明亮，质地细滑柔嫩，直链淀粉含量较多，适用于粉果、虾饺和船点的皮料使用。

2. 大米粉

大米粉根据大米的性质不同有籼米、粳米和糯米之分，根据磨制加工方法不同有干磨粉、湿磨粉和水磨粉。

3. 花生粉

花生粉是由经过烘焙、烤制的花生仁研磨制成的花生粉，主要适宜烘焙混料、馅心、甜品制作，有着怡人的清香气味，能够形成美妙的口感。

4. 西米

西米又称西谷米。属于仿真食品，主要是以淀粉为原料加工制作而成。在圆形品种中有大西米和小西米，适用于装饰镶嵌制品和制作甜品。

5. 栗子

栗子俗称板栗、毛栗，属于坚果。栗子的品种主要有板栗、莱栗、茅栗、楔栗等。栗子以甜美香滑、柔软细腻和皮薄粒大的品质为佳，主要适用于馅心和甜品羹冻的制作。

6. 氢化油

氢化油又称硬化油、麦其淋，主要以植物油中的椰子油、豆油、花生油、葵花子油等液体油脂为原料，经过氢化作用，使不饱和脂肪酸得到饱和，从而使液体油脂变成固体油脂，使油脂的稳定性、乳化性、可塑性、起酥性增强，不含胆固醇，可以替代动物性油脂，是一种用途较广的人造酥油品种。品种有人造奶油和人造黄油。

7. 起酥油

传统上指的是能够使面点制品达到酥松程度的固体动物脂肪，目前起酥油是以优质植物油为原料生产加工而成的通用性食品专用油脂，具有良好的稳定性、乳化性、打发性、起酥性，稠度高，可塑性强，无色无味，是制作糕饼甜品的通用油脂。

8. 冰淇淋粉

冰淇淋粉是由淀粉、蛋粉、奶粉、糖粉、香料、凝固剂、乳化剂等混配而成，具有稳定的抗热性，采用搅拌冷冻的方法可以免用冰淇淋机。

第三节　面团和面点馅心

一、面团的种类

面团是由五谷杂粮之粉与水、油等物质相结合形成的一个块状整体，根据调制面团的物质不同，可以将面团概括的分为水调面团、膨松面团、油酥面团、米粉面团和其他面团。

1. 水调面团

水调面团俗称水面团、死面团，是由小麦面粉加水调和，经过饧放之后，制成的面团。根据调制时水的温度不同分为冷水面团、温水面团和烫面面团。水调面团的基本特点是组织严密，质地坚实，无蜂窝孔洞，体积不膨胀，富有弹性，塑性强，熟后制品爽滑筋斗，弹性柔韧不疏松。

(1) 冷水面团　水温一般在摄氏 10 度至 30 度，面粉中的淀粉在此温度下可以吸收结合 30%的水分，蛋白质可以吸收结合 15%的水分，经过反复地搓压、揉和，逐步形成弹性较强的胶体面团，形成较强的面筋网络，饧放之后，筋性足，韧性强，伸展拉力大，口感筋斗，如果加入适量的食盐和食碱可以强化筋力，适宜制作饺子和面条。

(2) 温水面团　水温一般在摄氏 50 度至 60 度，面粉中的淀粉在此温度下可以吸收结合 50%的水分，淀粉颗粒膨胀，蛋白质可以吸收结合 20%的水分，蛋白质尚未变性，能够形成面筋网络，经过揉和逐步形成弹性较强的胶体面团，醒放之后，筋性减弱，韧性适中，伸展拉力降低，面团柔软可塑，适宜煎烙制品，或适于冬季和面。

(3) 烫面面团　水温一般在摄氏 80 度至 100 度，面粉中的淀粉在此温度下可以吸收结合 60%的水分，淀粉颗粒糊化膨胀，蛋白质可以吸收结合 30%的水分，蛋白质变性凝固，无法形成面筋网络，经过揉和逐步形成弹性较强的胶体面团，醒放之后，形体膨胀，黏性足，糯性强，筋力小，柔性差，口感细腻，适宜花色蒸饺、薄饼和烫面炸糕。

2. 膨松面团

膨松面团就是在面粉中添加一定的原料或采用物理的方法使调和的面团体积膨胀疏松，使面团组织柔软、松爽，形成密集的孔洞，主要有酵母膨松面团、化学膨松面团、物理膨松面团。

(1) 酵母膨松面团　主要利用酵母菌发酵方法，添加活性酵母、压榨酵母或者接种（引种）发酵（发酵面或酒酿)。微生物中的酵母菌是一种性能稳定可靠的食用菌种，在摄氏 30 度的水面团中数小时能够大量繁殖，产生大量的淀粉酶（酵素），在淀粉酶的作用下，使单糖物质——葡萄糖发生分解生成酒精和二氧化碳，同时形成水和热量，二氧化碳使面团面筋网络充分膨松，产生蜂窝组织，形成醇香气味和淡淡的酸味（乳酸菌和杂菌的作用）。面团接种发酵中的酸味较重，可以使用食用碱进行中和，同时又能够形成醋酸钠和碳酸，碳酸进一步分解成二氧化碳和水，使面团得到进一步膨胀疏松，经过反复的揉制以及饧放静置，可以提高成品的筋质力度，以及表面的光洁程度。

1）酵母面团　使用液体鲜酵母、压榨鲜酵母或活性干酵母。应当先用温水（摄氏 20 度至 30 度），将其培养成浓浆状液体，然后放入麦粉中发酵面团。根据胀发膨起的程度不同有大酵面团和嫩酵面团的区别，大酵面团适用于馒头、包子、花卷品种，嫩酵面团适用于小笼包子、蟹黄汤包品种。

2）呛面面团　就是在发酵面团中掺入干面粉揉制成的面团，适用于呛面馒头、开花馒头品种。

3）烫酵面团　就是在冷却后的烫面面团中掺入面肥揉制而成的面团，适用于黄桥烧饼、生煎包子品种。

（2）化学膨松面团　就是在调制面团的面粉中添加一定数量具有膨松性的化学物质，使之在加热的过程中，发生中和或分解作用，形成大量的二氧化碳气体，使面团组织结构形成均匀致密的多孔的组织，达到面团的膨松作用，作为化学膨松剂的物质有碳酸氢钠（小苏打）、碳酸钠（苏打）、碳酸氢氨（臭粉、阿摩尼亚粉）、泡达粉（发粉），以及盐碱矾混合物。碱（碳酸钠）和矾（硫酸钾铝）在加热过程中相互作用，生成氢氧化铝、水和大量的二氧化碳气体，食盐的作用是增强筋力保持气体。

（3）物理膨松面团　主要是利用鸡蛋液的充气保持作用，采用物理搅拌方法，使蛋液充进大量的气体，再添入筛过的面粉调制均匀，成为蛋泡面糊状的方法，加热过程中淀粉的糊化和蛋白质的凝固作用，将气体阻滞在网状空间中。

3. 油酥面团

油酥面团又称汕面团、酥面团，主要是采用油脂与面粉调和成的面团，油脂是一种胶体物质，具有一定的张力和黏度，油脂与面粉颗粒相互混合，形成一个油面结构，经过反复的擦搓、揉制，会使油脂与面粉的接触面积增大，张力增强，黏性增大，形成一个稳定的整体。与水调面团相比，其蛋白质不能吸收水分，不能形成面筋网络组织，没有筋力和黏性，加热过程中面粉颗粒被油脂隔离分开，空隙充满空气，不能吸水膨润，在高温下容易“炭化”变脆，所以经过加热熟后的成品口感酥松。根据成酥的方法不同分为单酥、层酥和稀酥等。

（1）根据原料配比不同的面团品种

1)层酥面团　又叫酥皮面团和擘酥面团，酥皮面团是由一块水油面皮包裹一块油酥面团，擀制折叠而成。包裹的大小不同有大包酥和小包酥之分。根据层酥的明显程度有明酥和暗酥之分。水油面使用适量的水、油脂和面粉（500 克面粉、100 克油脂、200 克水）混合之后反复揉制而成，兼有油酥面和水调面团的性质，特点是韧性强、塑性好和延伸性强，成品能够充分保持气体。擘酥面团是由一块水油面皮包裹一块油酥面团，擀制折叠而成。制品特点是层多、酥松和洁白，如荷花酥和白皮酥等。

2）单酥　又叫单皮酥、松酥、硬酥、膨松剂面团和油酥面团，是由面粉、油脂（500 克面粉、275 克油脂）、膨松剂和其他配料一次性调制均匀，反复搓、擦、揉至细腻形成的面团，注意要使用冷油（动物油脂或植物油脂）。成品特点是酥松爽脆，如核桃酥和杏仁酥等。

3）稀酥　成品特点是韧性和酥脆，如筋饼、香酥饼、盘洋烧饼等。

（2）根据包酥的手法采用不同成型方法

1）大包酥　又称大酥，是将干油酥面团（40%～50%）包入水油面团内（50%～60%），然后封口、按扁，经过冷却存放之后，取出擀压成长方形薄片，折叠成三层，再次擀压成长方形薄片后，卷成粗细一致圆筒状，根据成品的要求下剂制成大小一致的面坯，特点是速度快，层次多，效率高，适于大批量加工制作。

2）小包酥　又称小酥，是将制作一个面剂的干油酥面团（50%）用水油面团（50%）包裹、封口、按扁、擀薄，折叠三层再擀薄，反复三次即可，能够形成27层，层次太多会导致混酥不清。特点是酥层均匀，层次多，不宜破裂。

4. 米粉面团

米粉面团就是由米粉（糯米粉、粳米粉和籼米粉）与水调和的面团。由于米粉中的支链淀粉（胶性淀粉）含量较多，淀粉酶的活性低，蛋白质中的麦胶蛋白和麦谷蛋白含量很少，因此不能形成网状面筋组织。糯米粉团的黏性最强，胀性最小，口感柔韧、软滑。籼米中的支链淀粉较少，在一定条件下可以用来作发酵面团（面肥或酵母），制作酵粉糕。米粉面团根据和制的水温不同，可以分为生粉团和熟粉团。根据成品的特点不同分为黏质型和松质型。

（1）生粉团　即是先成型后成熟的粉团，制作方法是选用少部分米粉结构烫熟或制成粉芡，再掺入大部分生米粉调制成面团，主要适用于汤团、糕饼的外皮。特点是可塑性强，易揉搓成型，不粘手。

（2）熟粉团　将米粉掺入适量的水蒸熟，冷却后放入搅拌机中搅拌成团状，可以包裹馅心直接食用，也可经再次加热成熟。成品特点柔韧软糯。

（3）黏质型　成品特点是柔韧、黏糯，软嫩适口。

（4）松质型　一般以籼米粉为原料，添加老酵面经过发酵，待发至微有酸味为准，酸味可以使用发酵粉进行中和。主要是制作米糕、米饼等制品，如广东的伦敦糕、米花糕、黄松糕、棉花糕。在米粉中掺入其他原料，可以改善和提高米粉面团的性质性能，如掺入胡萝卜泥、南瓜泥、韭菜汁、绿豌豆泥等，可以改变成品的颜色口味；掺入适量的小麦强力面粉，可以提高面团的延伸性和塑造性。

5. 其他面团

其他面团有澄粉面团、糕粉面团、杂粮面团、薯类面团、菜类面团、果类面团、全蛋面团、鱼虾茸面团等。

（1）澄粉面团　主要是由小麦淀粉（俗称澄粉）与沸水调制而成的烫面面团，特点是塑性强，成品透明度高，细腻、柔韧，主要适用于广式面点虾饺和娥姐粉果，以及苏式苏州船点的制作。为了保持外皮的弹性以增添风味，需要在和制中添加适量的油脂，甜品可以添加糖粉，咸点可以添加食盐调味。

（2）糕粉面团　又叫加工粉、潮州粉，是由糯米经过特殊加工制成的面团，质软、光滑，韧性较强，主要适用于广式面点糕皮的制作。

（3）杂粮面团　由杂粮面粉与水调制的面团或由蒸制熟透的杂粮压成泥茸状，品种有豌豆粉团、绿豆粉团、黄米粉团、玉米面团、莜麦面团、荞麦面团等。

（4）薯类面团　将蒸熟的薯类压成泥茸状后，加入适量的米粉或面粉，以及油脂、食糖等混合调制的面团。

（5）菜类面团　使用各种蔬菜与面粉调制的面团。

（6）蛋类面团　主要是采用蛋液和面粉调制的面团，根据原料的配比不同，有纯蛋面团（萨其玛、菊花酥）、油蛋面团（蛋花酥、杏仁酥饼）、水蛋面团（伊府面、马蹄饺）、水油蛋面团（葱油酥饼）、蛋泡面团（蛋糕、马拉糕）。

（7）鱼虾茸面团　就是在面团中加入制成鱼茸、虾茸的原料，以及蛋清、食盐、胡椒粉等，适用于特殊成品面皮的制作。

二、面点馅心的种类

馅心是面点制品的一个重要组成部分，美妙奇特的馅心不仅能够丰富面点制品口味，还能增添花色品种。根据成品中明显突出的口味不同，馅心品种主要分为咸味馅心和甜味馅心。根据原料的不同，可以分为素料馅心、荤料馅心和混合馅心。根据成熟度的不同，可以分为生料馅心和熟料馅心。

1．咸味馅心的品种

（1）生菜馅　品种有白菜馅、茴香馅、韭菜馅、萝卜丝馅、茄子馅、青椒馅、青菜馅、胡萝卜馅、芹菜馅等。

（2）熟菜馅　品种有雪菜馅、干菜馅、冬菜馅、什锦素馅等。

（3）生肉馅　品种有猪肉馅、牛肉馅、鱼肉馅、鸡肉馅、虾肉馅、蟹肉馅等。

（4）熟肉馅　品种有火腿馅、叉烧肉馅、五丁馅、炒肉末馅、咖喱牛肉馅、灌汤馅。

2．甜味馅心品种

（1）糖馅　主要以绵白糖、白砂糖为主料，掺入炒熟或蒸熟的麦粉和油脂，添加其他原料制成的馅心。品种有麻茸糖馅、桂花糖馅、玫瑰糖馅、薄荷糖馅和可可糖馅。

（2）泥茸馅　主要是将制馅原料经过蒸熟或煮熟后制成的茸泥，经过脱水处理之后，添加白砂糖和绵白糖以及其他甜味剂、稳定剂制成的馅心，品种有红豆沙、绿豆沙、芸豆沙、豌豆沙、枣泥、薯茸、莲茸、豆茸、白果茸。

（3）水果馅　主要有蜜饯、果酱和鲜果品种。蜜饯馅是将水果鲜品制成蜜饯后，再经过粉碎制成的馅心，品种有哈密瓜馅、菠萝馅、苹果馅和梨馅等。

（4）果仁馅　由果仁制成的馅心，品种有核桃仁、瓜子仁、杏仁、松子仁和榛子仁等。

（5）奶黄馅　又称蛋乳馅，奶黄馅是以淡奶、鸡蛋、麦粉、植物油、食糖、清水、吉士粉（或其他色素、香精）调制而成的糊状馅心，色泽橙黄，冷却凝固后使用，奶香和麦香浓郁，柔软细腻滑嫩，主要适宜奶黄包和蛋塔。

第二部分　高级技师技能

第六章　营养与健康

第一节　概　述

一、营养与营养学的基本概念

1. 营养的概念

营养是人体摄取、消化、吸收和利用食物中的营养素来维持正常生命活动的整个过程。

2. 营养学的概念

营养学是一门研究人体正常生长发育、组织更新、发挥功能和繁衍后代所必需从食物中获得营养物质整个过程的科学。

营养学是一门古老而又新兴的科学，是研究指导人们科学饮食的学科。它涉及食物资源的开发和利用，并与人的生长、发育、健康和长寿息息相关。

二、营养与健康的关系

1. 营养素的种类

营养是保证人体生存及健康的基本条件。人体需要的营养素约有几十种，可概括为七大类：蛋白质、脂肪、糖类（碳水化合物）、维生素、无机盐（常量元素及微量元素）、水和膳食纤维。各种营养素都有其独特的生理功能，有些营养素可同时具有几种生理功能，但在代谢中又密切联系，共同调节和维持生命活动。总的来说，各种营养素的生理功能可大致概括为以下 3 点：构成身体组织；供给热能；调节生理功能。

2. 中国古代养生思想

我们的祖先很早就认识到饮食营养在保健和医疗中的重要作用。2000 多年前，在我国最早的医书《黄帝内经·素问》中，即提出“五谷为养、五果为助、五畜为益、五菜为充”的观点，这符合现代营养学中的平衡膳食的原则，确切指出了配制合理膳食所需要的食物的种类，以及各类食物在平衡膳食中的地位和作用等。

3. 营养对人体的影响

现代营养学的研究表明：良好的营养可供给人体所需的热量和各种营养素；可促进未成年人的生长发育；改进成年人的健康状况，增强对疾病的抵抗力。营养不良或营养不当是指人体所需营养素供给不足或营养素配比不合理。营养不良可造成儿童生长发育迟缓，对成年人则可引起各种营养素缺乏病。营养不当可能导致某些营养素摄入过高，对健康也是十分有害的。如热能摄入过高引起肥胖、动脉粥样硬化、高血压及糖尿病等疾病，某些无机盐及微量元素摄入过量会发生中毒等等。

三、保健食品

1. 保健食品的概念

目前在全世界兴起了一股保健食品热潮。美国食品与药物管理局（FDA）对它的定义和要求正逐步明确和具体；日本厚生省已批准食品冠以“特定保健用食品”的名称；欧共体组织开展了“功能食品在欧洲”的统一行动；1996年我国卫生部发布“保健食品管理办法”，并于1996年批准了首批保健食品，保健食品依法管理体制开始有效运作。保健食品系指具有特定保健功能的食品，即适宜于特定人群食用，具有调节机体功能，不以治疗疾病为目的的食品。

2. 保健食品的特征：

（1）保健食品首先必须是食品，必须具备食品的基本特征。

1）食品是供人食用或饮用的成品或原料，按照传统既是食品又是药品的物品，但是不包括以治疗为目的的物品。

2）食品应当无毒、无害，符合应当有的营养要求，具有相应的色、香、味等感官性状。

3）要确定保健食品属性，就必须解决保健食品所具的营养要求。

作为保健食品应当含有一种或数种营养素并达到一定含量水平，但不能要求保健食品等同于普通食品为人体提供各种营养素，更不能将保健食品视为正常膳食，作为各种营养素来源的主要途径。

（2）保健食品还必须具有特定的保健功能使之与普通食品相区别。所谓特定的保健功能，首先是指这种特定功能在管理上可以作为食品的功能来受理；其次这种功能必须是明确的、具体的、有针对性的、经科学验证是肯定的。

（3）保健食品是针对特定的人群而设计的。保健食品的范围不同于一般食品，如延缓衰老的保健食品只能适宜于高血脂的人群。不排除某些保健功能可能适宜的人群面较广，但没有适宜于任何人群的保健食品。

（4）保健食品是以调节机体功能为主要目的，而不是以治疗为目的的，这点与药品有根本的不同。应该强调的是保健食品即便在某些疾病状态下也可以使用，但它不能代替药物的治疗作用。

（5）保健食品主要是由功效成分和营养素或主要由营养素构成。至于营养素的种类和含量目前没有统一规定。

第二节　不同生理状况下的营养与膳食

合理的营养是健康的前提，而合理的营养是通过日常平衡膳食来达到的，它包括合理的膳食构成、食物的种类及饮食习惯等。长期的营养素缺乏会引起疾病，这就需要我们了解不同人群对各种营养素的需要。

一、需要量与供给量

1. 需要量

维持身体正常生理与生化平衡所必需的最低量。这个量大多是从少量人体或人体代谢物质的测试而得到的，如果低于这个量，将不能保持健康状态。

2. 供给量

以需要量作为基础，考虑到人体的个体差异，并照顾到群体中的大多数；考虑为达到营养素的平衡，使需要得到充分的满足；考虑在特定时期中，人们的需要与实际的可能等而制定的各项营养素供给指标。这种供应量主要有三个方面的目的：指导食物的生产、集体居民的计划膳食与营养、膳食治疗。供给量制定后不是不可改变的，可以通过实践的检验和营养科学的发展而作适当的调整。一般供给量高于需要量，当人们的摄入量低于供给量时不一定意味着营养素摄入不足，但可以说存在发生营养素摄入不足的危险（即不够安全）。

二、正常成年人的营养素的需要

成人阶段一般是指 20～45 岁，此时机体比其他年龄组相对要稳定得多。

1. 能量

成人的能量代谢是基础代谢、食物特殊动力作用及劳动消耗之和。但人们每天能量消耗的大小主要受劳动量的影响。根据目前我国的情况，男性劳动量分为五个等级，供给量10 000～16 800千焦；女性分为四级，供给量9 240～13 440千焦。前者以身高 170 厘米和体重 60 千克为标准；后者以身高 160 厘米和体重 53 千克为标准。并允许有±10%的变动。

2. 蛋白质

蛋白质在机体代谢中受能量供给及机体的生理状态影响，同时也受食物蛋白质质量的影响。能为机体充分消化、吸收与利用的蛋白质为优良蛋白质，它可以比其他蛋白质以较少的量而取得机体的氮平衡。我国目前膳食以植物性为主，在混合膳食中取得蛋白质的现状，成人按 1.2 克/千克/天作为供应量。如蛋白质的来源主要为优质蛋白，则可稍低于此量。按能量计算，正常成人蛋白质占总能量的 10%～12%。

3. 碳水化合物及脂肪

除蛋白质以外，热能还由碳水化合物和脂肪来提供。脂肪在能量中所占的比例，根据饮食习惯而有所不同，为保证必需脂肪酸的供给量，亚油酸所提供的能量要占总能量的 1%～2%左右。但脂肪占热量的比例不宜太多，最好低于 30%。一般情况下碳水化合物占总能量的比例为 60%～75%为宜，纤维素是人体不能消化吸收的碳水化合物，虽然它无生理功能但有利于大便通畅，但过多则会影响其他营养素的吸收。

4. 维生素

硫胺素、核黄素、尼克酸等的供应量与热能供给量是平行的。水溶性维生素在食物储存加工过程中的损失应加以考虑。

5. 矿物质

铁的供应量女性较男性为高，主要根据是成年妇女在月经周期中的损失。

三、孕妇的营养与膳食

1. 妊娠期的生理特点

妇女在怀孕过程中除了担负着胎儿的营养需求外，还要为自身健康、准备分娩和哺乳提供足够的营养。怀孕后的母体出现了各种生理性负荷。有两方面的合成代谢发生变化：

(1) 胎儿及胎盘的发育成熟。

(2) 母体子宫逐渐增大，乳房进一步发育，血容量适应性增加，组织间隙液增加及脂肪组织合成增加等。

两项总计达 12 千克左右。如此巨大的合成代谢要求有相应的营养素供应。这期间，如得不到必需的营养，会影响到胎儿的成活及出生后体重和智力的发育；同时，也危害到孕妇自身的健康，使妊娠并发症、流产、早产增加，甚至危及分娩时的安全。对孕妇保健来说，指导她们取得足够热量和适量的营养素供应，使营养达到平衡是很重要的。

2. 孕妇的营养需要

妊娠初期是受精卵发育及分化阶段，此时胚胎很小，生长较慢，对各种营养素的需求不是很多，所以，各种营养素的供应基本与孕前相同。妊娠中后期随着胎儿生长发育的加快，母体对各种营养素的需要量逐渐增加，应特别注意营养素的补充。

(1) 热能　孕妇因基础代谢及合成代谢增高，对热能的需要量比未孕时增加。但热能摄入过高使体重增加过快，与妊娠时高血压、分娩时间延长、孕妇糖耐量异常及肥胖儿发生率增加有关。我国推荐：妊早期同孕前；4 个月后每天增加 837 千焦。

(2) 蛋白质　孕期体内蛋白质增加 950 克，包括胎儿的迅速发育与维持母体的氮平衡。在怀孕下半段是胎儿大脑急剧发育的阶段，蛋白若供给不足，将影响胎儿中枢神经系统发育及功能。我国推荐：妊娠中期每天增加 15 克；妊娠后期每天增加 25 克。过高的蛋白摄入是不必要的。但应该有足够的优质蛋白（至少占蛋白总量的 1/3，最好占蛋白总量的 2/3。)。

(3) 碳水化合物和脂肪　碳水化合物和脂肪是提供热能的主要来源。碳水化合物供给量主张占总热能的 55%～60%，比正常人的稍低，以便提高蛋白质的供给量及其他营养素的补充。碳水化合物供给量不宜过低，否则会出现酮症。由于孕期胰腺负担加重，应注意不要过多地摄入单双糖类，以免诱发妊娠糖尿病。脂肪供给量主张占总热能的 25%～30%，饱和脂肪酸量不宜太高，在妊娠后期，孕妇血脂较平时升高。

(4) 钙　新生儿体内钙含量约为 22 克，大部分在怀孕的后半段纳入其骨骼中。一般孕期妇女吸收钙的能力高于孕前，但若孕妇膳食中摄取不足，首先动用其自身的钙因而出现手足抽搐、牙齿松动以至骨软化等症状，孕妇严重缺钙可导致儿童先天性佝偻病及初生儿颚骨及牙齿畸形等现象。我国推荐供给量：妊娠中期每日增加 200 毫克（达到每天1 000毫克)；妊娠后期每日增加 700 毫克（达到每天1 500毫克)。由于膳食钙的吸收率受食物种类、膳食中的蛋白质、脂肪及植物性食物的干扰的影响，应予以注意。

(5) 铁　孕期母体血容量增加，为胎盘及胎儿的氧运输同时也为分娩失血作准备。此期间大约增加 30%的红细胞，需要 500 毫克铁来合成。另外，胎儿制造血液和肌肉等需要铁，胎儿肝脏还要储备一部分铁供出生后 6 个月之内的消耗，这又至少需要 300 毫克。铁供给不足容易引起孕妇贫血和胎儿生长发育迟缓。我国推荐供给量：从妊娠中期开始，每日增加 10 毫克（达到每日 28 毫克)。

(6) 碘　孕期甲状腺功能活跃，对碘的需要增多。若碘供给不足，孕妇易发生甲状腺肿大，并影响胎儿的生长发育，严重缺碘时发生克汀病（呆小病）。我国推荐的供给量：妊娠中后期每天增加 25 微克（达到每天 175 微克）。

(7) 维生素 A　维生素 A 一要满足胎儿生长发育和肝内储存的需要，二要满足母体自身的需要和分泌乳汁储存的需要。我国推荐供给量：妊娠中后期每天增加 200 视黄醇当量（达到每天1 000视黄醇当量）。

(8) 维生素 D　孕妇体内维生素 D 的营养状况与小儿佝偻病的发生有关。我国推荐供给量：妊娠中后期每天增加 5 微克（达到每天 10 微克）。需要注意的是，孕期维生素 A 与维生素 D 摄入过多不仅无益，反而有害。

(9) 维生素 E　动物实验表明，严重维生素 E 缺乏可导致多发性先天畸形并增加幼仔死亡率。我国推荐供给量：妊娠中后期每天增加 2 毫克（达到每天 12 毫克）。

(10) 维生素 B_1、B_2、尼克酸、B_6　由于孕妇的热能及蛋白质的需要增多，与其代谢有关的 B 族维生素的供给必需充足。我国推荐：妊娠中后期每天维生素 $B_1$1.8 毫克、$B_2$1.8 毫克、尼克酸 18 毫克，均略高于孕前。美国推荐 B_6 的供给量每天 2.5 毫克，比孕前高 0.5 毫克。

(11) 叶酸　孕期雌激素、孕酮分泌增多，影响叶酸代谢，故孕妇易发生巨幼红细胞型贫血。孕前及孕早期严重缺乏叶酸会导致胎儿神经管发育畸形。世界卫生组织建议每日供应量为 400 微克，比孕前多 200 微克。

(12) 维生素 B_{12}　在整个孕期中，血中 B_{12}的浓度下降，但婴儿血浆中的浓度比母体高一倍，并在出生时肝中储备有 30 微在的 B_{12}，维生素 B_{12} 缺乏会引起巨幼红细胞型贫血。世界卫生组织推荐：妊娠后半期，每天 3 微克，比孕前多 2 微克。

(13) 维生素 C　胎儿生长发育需要大量维生素 C，它对胎儿骨骼、牙齿及造血系统的正常发育，机体抵抗力的增加都有促进作用。我国推荐：妊娠中后期每天 80 毫克，比孕前多 20 毫克。

3. 孕妇的膳食安排

在成人平衡膳食基础上再作适当调整。食物的数量和品种要根据妊娠期不同阶段的特点予以安排。

(1) 第一阶段（妊娠初期）　其特点是胎儿生长较慢，但常有妊娠反应，如食欲减退、恶心、呕吐等。此阶段的膳食内容基本与孕前相似，只要能维持自身营养即可。如有妊娠反应（一般是上午反应较强），饮食以清淡、少油腻、少甜食为宜。少进汤汁饮料，以干食为主，并采用少食多餐方式以防止食物过量。在食欲好转的时候应及时增添少量既适口又富含营养的食物（如瘦肉、蛋、乳、新鲜蔬菜和水果等）。

(2) 第二阶段（妊娠中期）　胎儿生长发育较快，孕妇逐渐适应妊娠期的生理变化，一般妊娠反应也已消失，食欲好转，此阶段应多选用一些富含营养的食物如乳、蛋、肉、豆及新鲜蔬菜、水果。肉类可适当选用肝或血以增加铁的摄入量；蔬菜中有时可选用含碘丰富的海带、紫菜等。

(3) 第三阶段（妊娠末期）　胎儿体重的一半要在这一阶段增加。为了保证胎儿的迅速生长发育，应在第二阶段的膳食基础上，每天再增加蛋白质 20 克左右（约折合瘦肉类 50 克，奶或豆浆 250 克），并适当减少谷类。为防止便秘，要有充足的蔬菜、水果。对有明显水肿者应减少食盐用量。

注意：在第二、三阶段内，如肉、奶食品摄入未满足需要，则应另外补充钙片和铁剂。如体重增长过快，要限制富含碳水化合物的糖类食品及富含脂肪的食物。但不能减少富含蛋白质、无机盐和维生素的食物。如体重低于标准太多时，可用增加餐次的方法来增加营养素摄入量，特别注意优质蛋白的补充。肥胖妇女妊娠期不可盲目减肥，减肥不当会影响胎儿生长及母体健康。

孕妇一日膳食内容举例见表5—1。

表5—1　　孕妇一日膳食内容举例

食物类别	食物用量（克）
谷　类	350～400
肉　类	150
豆类及其制品	100
牛奶或豆浆	250
蔬　菜	500
水　果	100
烹调油	20
食　糖	15
全日热能（千焦）	9 476.76～10 229.88
全日蛋白质（克）	87～91

四、乳母的营养与膳食

1. 乳母的营养需要

乳母的营养需要有两方面，一是为乳汁的分泌提供物质基础和正常的条件，二是恢复乳母本人身体健康。

(1) 热能　乳母的基础代谢比平时提高10%～20%，所以乳母本人的热量消耗比正常妇女要高。另外，乳汁中含有热量。人乳所含热量为每100毫升292.88千焦，母体热能转变为乳汁热能时的转换率为80%。这样，乳母需摄入376.56千焦热能才能提供乳汁中的292.88千焦热能。乳母日平均分泌乳汁800毫升左右，约消耗热能2 510.4千焦～3 347.2千焦。我国推荐供给量为每日增加3 347.2千焦。

(2) 蛋白质　乳母摄入的蛋白质会影响到乳汁蛋白的质与量，而对量的影响更明显。人乳蛋白含量约为1.2%。若每日分泌乳汁800毫升，乳母就须为乳汁提供10克左右的蛋白质，而膳食蛋白变为乳汁蛋白的转换率为70%～80%。所以供给量一定要充足。我国推荐供给量：比相应的正常妇女每天增加25克。

(3) 钙　乳汁含钙量为初乳每100毫升48毫克钙；过渡乳每100毫升46毫克钙；成熟乳每100毫升34毫克钙。若按乳母每天分泌乳汁800毫升，则每天进入乳汁的钙约为300毫克。如乳母膳食钙摄入不足，则要动用自身骨钙，会造成负钙平衡。我国推荐钙供给量：每天1 500毫克。比正常妇女每天多摄入700毫克。

(4) 铁　人乳中铁的含量不高，为每百毫升50微克，即每日乳中分泌量为0.4毫克，如果铁的吸收率为10%，则额外供给应不少于每天4毫克。我国推荐供给量：每天28毫克。比正常每天增加10毫克。

(5) 碘　母乳中含碘量每百毫升 4～9 微克，高于母体血浆。估计与婴儿的生理需要有关。我国推荐供给量：每日 200 微克。高于正常妇女 50 微克。

(6) 维生素　为保证母乳的质量，多数维生素的供给量都比孕妇要高。我国推荐供给量标准如下：

1）维生素 A　每日1 200微克（视黄醇当量）。高于正常妇女 400 微克，高于孕妇 200 微克。

2）维生素 D　每日 10 微克。高于正常妇女 5 微克，与孕期供给量相同。

3）维生素 E　每日 12 微克。高于正常妇女 2 微克，与孕期相同。

4）维生素 B_1、B_2　均为每日 2.1 毫克。高于孕妇 0.3 毫克。

5）尼克酸　每日 21 毫克。高于孕妇 3 毫克。

6）维生素 C　每日 100 毫克。高于正常妇女 40 毫克，高于孕妇 20 毫克。

2. 乳母的膳食

(1) 比妊娠中末期再多增加一些富含蛋白质、钙的食物。是一个高热量、高蛋白、高钙的平衡膳食。

(2) 餐次以每日 4～5 餐为宜。

(3) 水的进量要增加，乳汁中排出的水分在 750 毫升以上。每天至少摄入2 000毫升水以利乳汁的分泌。在膳食中多增加各种汤类及粥类，如鸡汤、鱼汤、骨头汤、大米粥、小米粥等。

乳母一日膳食内容举例见表 5—2。

表 5—2　　**乳母一日膳食内容举例**

食物类别	食物用量（克）
谷　类	500
肉　类	100
鸡　蛋	100
豆制品	100
牛　奶	250
蔬　菜	500
烹调油	30
红　糖	30
全日热能（千焦）	12 175.44
全日蛋白质（克）	107

五、婴幼儿及儿童的营养与膳食

1. 婴幼儿营养与膳食

婴儿和幼儿时期是人体发育中非常重要的阶段，婴儿的营养一般是指出生后到 1 岁期间的营养，而幼儿是指 3 岁以前。

(1) 婴幼儿生理特点　婴幼儿时期是人一生中生长发育最旺盛的阶段，出生后 5～6 个月体重可增加一倍，1 岁时达到出生时体重的 3 倍。身高达到出生时的 1.5 倍。婴儿出生后一段时间内仍处于大脑的迅速发育期，脑神经细胞数目还在继续增加，需要营养素特别是优质蛋白的支持。所以，婴儿对热能及其他营养素的需求特别旺盛。

（2）婴幼儿对营养素的需要

1）热量　正常婴儿初生时需要的热量约为每日每公斤体重 418.4～502.08 千焦，满 1 岁时减至 334.72～418.4 千焦。这种高热量的需要在初生时为最高点，1 岁以后至青春期前逐渐减少。

2）蛋白质　蛋白质用于维持婴幼儿新陈代谢、生长及各种组织的成熟。故这一时期处于正氮平衡状态。对蛋白质不仅要求有相当高的量，而且对质的要求也很高。母乳可为新生儿提供高生物价的蛋白质，而人工喂养者由于蛋白质生物价低于人乳，蛋白质需要量高于母乳喂养者。所以，蛋白质需要量在母乳喂养时为每公斤体重每日 2 克；牛奶喂养时为 3.5 克；主要以大豆及谷类蛋白质供给时则为 4 克。另外，婴幼儿的必需氨基酸的需要量远高于成人。过量蛋白对婴儿无益甚至有害，可能出现腹泻、酸中毒、高张性失水、发热、血清尿素和氨升高等。

3）脂肪　婴幼儿需要各种脂肪酸和脂类，其中必需脂肪酸提供的热量不应低于总热量的 1%～3%。

脂肪摄入过多可引起食欲不振、消化不良。

4）碳水化合物　婴儿需要碳水化合物，母乳喂养时，其热量供给一半来自碳水化合物，婴幼儿膳食中如果没有碳水化合物，很难避免酮症的出现。新生婴儿除淀粉外，对其他糖类（乳糖、葡萄糖、蔗糖）都能消化。由于乳糖酶的活性比成人高，故对乳中所含的乳糖能很好地消化吸收。4 个月左右的婴儿，能较好地消化淀粉食品。婴幼儿期碳水化合物以占总热量的 50%～55%为宜。

5）其他　婴幼儿对各种营养素的需要量相对地较成人为高。婴儿对水的需要量比成人敏感，失水的后果也较成人严重。应视情况补充。

（3）母乳喂养　母乳喂养对于婴儿有着任何食物都不可替代的优点，母乳有着完全的营养素，并最适合于婴儿。其营养素中的蛋白质、脂肪和糖类等物质之间有着合适的比例和相对稳定的浓度。母乳喂养的优点如下：

1）蛋白质　母乳中乳白蛋白多（酪蛋白：乳白蛋白＝1：1.5），母乳蛋白质含量为每升 11 克，比牛乳约少 3 倍，但母乳乳清蛋白占蛋白总量的 60%以上，而酪蛋白约占 30%，牛乳则相反，70%以上为酪蛋白，乳清蛋白低于 30%。对婴儿来说，人乳遇胃酸生成细小凝块易消化。

2）脂肪　母乳中脂肪高于牛乳，脂肪球小易消化。含较多的不饱和脂肪酸和必需的脂肪酸（亚油酸高于牛奶 4～5 倍）。胆固醇含量也高于牛乳。

3）糖类　母乳乳糖含量高，对婴儿大脑发育特别有利，而且还能促进乳酸杆菌、双歧杆菌生长，抑制致病菌的繁殖，减少发生腹泻的机会。

4）无机盐　无机盐含量较牛奶少，早产儿和新生儿的肾功能尚未发育完善，人乳喂养不增加肾负荷。且钙磷比适宜（钙：磷＝2：1）。母乳中的铁含量虽不高，但其吸收率在 60%以上，比其他乳的生物利用率都高，能适应初生儿头几个月的需要。初乳中含有很高的锌，同时吸收率也较好。

5）免疫作用　母乳中含有多种免疫因子，如分泌型免疫球蛋白及乳铁蛋白、溶酶体等，有利于婴儿疾病的预防。

6）其他　母乳卫生、安全、经济。有利于建立良好的母子关系。

（4）人工喂养　乳母因疾病或其他原因不能授乳时，可采用人工喂养。人工喂养一般有以下几类：

1）牛乳或羊乳　母乳缺乏时，一般常用鲜牛奶替代，所提供热能与母乳大致相等，但营养成分差异较大，与母乳相比较难消化吸收。因此，用牛奶喂养3～4个月以内的婴儿，需加水稀释（使蛋白质、无机盐的含量降低），并加5%～8%的糖类，使稀释奶的热能与人乳相近，再经煮沸，使之灭菌并易于消化。

2）植物性代乳品　主要成分有米、面、黄豆、鸡蛋、植物油、蔗糖、食盐、钙粉等。有多种配方，但营养成分有欠缺，如经济条件允许应尽量少用。

3）母乳化配方奶粉　参照母乳的成分调整奶粉中各营养素的量。一般会比普通牛奶或奶粉取得较好的效果。但通常价格较高。

4）混合喂养　如母乳不足，可采用部分人工喂养与母乳相结合的方法，称为混合喂养。其优点是可部分发挥母乳的作用。

（5）辅助食品　随着婴儿的长大，对各种营养素的需求增加，但母乳分泌量不能随之增加。且出生4个月后，婴儿体内铁的储备也已大部分被利用，所以，在出生4～6个月后，单独用母乳喂养已不能完全满足婴儿的需要，若不额外补充，婴儿易发生营养不良。因此，在继续用母乳的同时，逐步添加辅助食品是十分必要的。

1）辅食的添加原则

①添加种类应符合婴儿生理特点。如初生婴儿只能消化蔗糖、葡萄糖等单、双糖类，不能消化淀粉类食物，过早添加米粉或麦粉会导致消化不良，同时引起蛋白质摄入不足造成虚胖。

②添加的数量由一种到多种，由少量到多量，待婴儿对一种食品耐受后再添加另一种，以免引起消化功能紊乱。

③食物的制作应精细。从流质开始，逐步过渡到半流，再逐步到固体食物，让婴儿有个适应过程。

2）具体程序

1～3个月：主要补充含维生素C和D的食物。补充维生素C可用鲜果汁、菜水。补充维生素D可用鱼肝油，其用量开始每天1～2滴，逐渐加至每天6滴左右。人工喂养者最好在满月就开始添加。

4～6个月：补充含铁食物。如蛋黄，从1/8个开始，逐渐增至全蛋。6个月开始长牙后可添加烂面片、稀粥、菜泥、果泥等。

7～8个月：添加烤馒头片、饼干等锻炼咀嚼能力，帮助牙齿生长。可添加肉末、肝末、碎菜等。适当减少奶量。

9～10个月：可用辅食（如加了肉末和菜末的粥或面片）代替1～2次奶，为断奶作准备。

11～12个月：除上述食物外，可添加烂面、馒头、面包等。

（6）幼儿膳食　断奶后的幼儿，牙齿未出齐，咀嚼能力差，胃肠道蠕动及调节能力、各种消化酶的活性远不及成人。据调查，营养不良的儿童多发生在2～3岁。对其膳食安排应予以足够的重视。

幼儿膳食不能完全与大人一样，要特殊安排。对2～3岁幼儿更是如此。

1）食物选择　保证一定量的鱼、肉、蛋类及豆制品，并有新鲜蔬菜、水果。有可能尽量保证每日 250 毫升牛奶。

2）食物制备　碎、软、烂，少油腻，易消化，宜口轻，免刺激性调味品，不要给大块油炸食物和带骨、刺的食物。

3）餐次　幼儿消化力弱，胃容量尚小，肝糖原储存较少，耐饿力差，因此，一日至少四餐。

从小培养良好的饮食习惯。定时定量，不乱吃零食、甜食、冷饮等，不挑食、偏食。

幼儿一日膳食举例见表 5—3。

表 5—3　　幼儿一日膳食内容举例

食物类别	2～3 岁食物用量（克）	4～6 岁食物用量（克）
谷　类	100～150	200～250
牛奶或豆浆	125～250	125～250
肉　类	40	40
蛋　类	50	50
各种豆类	20	30
蔬　菜	100～150	150～200
水　果	50	50
烹调油	10	10
食用糖	20	20
全日热能（千焦）	3 765.6～4 895.28	5 857.6～6 987.28
全日蛋白质（克）	30～38	40～48

2. 儿童的营养与膳食

4～12 岁的儿童是生长发育的另一个时期，其特点是生长发育迅速平稳，各种营养素的需要按公斤体重算较婴儿低，但较成人高。性别差异不很明显，但个体差异较大。此时期对体格与智力的发展、饮食习惯的形成都很重要。儿童包括学龄前儿童（3～5 岁）和学龄儿童（6～12 岁）两个阶段。

(1) 热能　供给量从 5 900 千焦至 9 600 千焦。合每公斤体重约 378 千焦左右，这比成人约大一倍。

(2) 蛋白质　学龄前儿童供给量为每日 45～50 克，7～12 岁儿童为每日 60～75 克。合每公斤体重供给 2.5 克左右，此量也比成人大一倍。蛋白质在热量中的比例应高于成人，在 12%～14%间为宜。

(3) 应注意合理的热能分配　早餐占全日总热能的 30%左右；午餐占 35%～40%；晚餐占 30%～35%。

(4) 按成人平衡膳食要求，每餐要粗细搭配，荤素搭配。保证一定比例的优质蛋白。

(5) 注意钙、铁、锌、碘等矿物质及各种维生素的摄入。防止发生缺铁性贫血或缺钙。每日膳食中应有新鲜蔬菜水果，最好有奶或奶制品。

(6) 保证一日三餐，定时定量。可适当加餐。

(7) 培养良好的饮食习惯，不挑食不偏食。

(8) 不乱用营养补品。

(9) 注意控制体重，防止体重过轻或超重。

六、老年人的营养与膳食

随着科学的发展，生活水平的提高，全世界居民寿命都有增高的趋势。特别是在我国，由于独生子女政策的实施，老年人在人口构成中的比例将逐年增大。因此，老年人的问题将越来越引起人们的重视。人类的衰老过程是一个客观规律，只是这个过程随着种族、社会环境和个体差异的不同而不同。影响衰老的因素很多，但目前完全明了，遗传因素、社会因素、疾病、体力活动、营养因素、气候、生活条件、公共卫生、医疗保健、情绪等都可能是衰老的影响因素。

1. 老年人生理特点

人大约从 40～50 岁开始，身体的形态和功能逐渐出现衰老现象。一般 60（或 65）岁以上称为老年。人的衰老过程亦即身体形态及生理机能改变的过程。机体生理改变涉及面甚广，但有些改变直接影响营养素需要和食物选择。首先，机体构成发生改变，比如脂肪组织的比例增加；肌肉和其他活泼性组织相应减少；骨骼密度下降，特别是老年女性；另外，机体代谢发生改变，基础代谢或氧的消耗率降低；蛋白质合成与分解速率明显低于青年人；脂类代谢能力改变，导致脂肪在体内组织及血液中的积累；葡萄糖代谢能力下降使糖耐量较成年人低，易发生非胰岛素依赖型糖尿病；腺体分泌功能减弱；酶的数量减少、活力下降；胃肠道功能衰退，胃张力下降，肠蠕动缓慢；肝肾功能有不同程度的减退等。这些改变都能影响食物的消化、吸收。

2. 老年人的营养需要

(1) 热能　老年人的热能需要随年龄的增加而下降，其中约 1/3 是由于基础代谢的降低，2/3 是由于活动的减少。热能摄入因人而异，以维持标准体重为宜。

(2) 蛋白质　实验表明，老年人蛋白质需要量与成年人相差不大，但考虑到一方面老年人合成代谢变慢、分解代谢增加，易发生负氮平衡；另一方面老年人对蛋白质的消化吸收率降低。故蛋白质供给量应稍高，在每公斤体重每日 1 克左右或占全日热能的 12%～14%，优质蛋白的供给要充足，以便取得更好的利用。蛋白质供给过多会增加老年人肝肾负担，所以过高的蛋白摄入是没有必要的。

(3) 脂肪　老年人膳食中同样需要脂肪。但老年人胆汁酸减少，脂酶活性降低，消化脂肪的机能降低，脂肪组织的分解速度变慢。随年龄增长，老年人的血脂包括总胆固醇、甘油三酯和游离脂肪酸都升高。所以，老年人脂肪供给量不宜过高，应控制在占总热能的 20%～25%为宜，并减少胆固醇和饱和脂肪酸的用量。一般空腹血清胆固醇水平在 230 毫克以下的老年人，每日摄入胆固醇不超过 500 毫克为宜；血清胆固醇超过 230 毫克者，则应使膳食胆固醇摄入量控制在每日 300 毫克以内。

(4) 碳水化合物　老年人糖耐量低，胰岛素对血糖的调节能力减弱，易出现血糖增高。此外，有报道指出老年人的动脉硬化、心血管疾病发病率与单、双糖摄入过多有关。因此，老年人的碳水化合物供给量不宜过高，保持在占总热能的 60%上下比较适宜。特别要注意控制单、双糖的摄入。

（5）钙　骨密度下降、骨质疏松是老年人的常见病，引起骨质疏松的因素很多，如维生素D、雌激素及饮食因素等。在饮食因素中，钙摄入不足是重要原因之一。另外，老年人肠胃功能减退，对钙的吸收率下降。所以，钙的供给量应稍高于成年人。

（6）铁　老年人可发生不同程度的贫血，其原因是复杂的，其中包括胃容量、胃酸、胃内因子的减少，对铁的吸收能力及造血机能下降等。为了防治缺铁性贫血，老年人铁的供给量要充足，而且应多供给一些含血红素铁的食物如瘦肉、内脏、血豆腐等。

（7）钠、钾　过高的钠摄入会使血压升高，对心、肾造成不良后果。老年人的食盐摄入量以每日6～8克为宜，高血压及冠心病患者应控制在每日5克以下。老年人体内钾的含量低，细胞内液减少，所以应保证膳食中钾的供给量。

（8）维生素　老年人对各种维生素的需要量不低于成年人，所以，各种维生素的供给量应充足。老年人易见的维生素缺乏病为维生素A、B族及维生素C缺乏。另外，维生素E具有一定的抗衰老作用，应适当补充。对膳食中摄入不足的老年人可考虑给予维生素片剂。

（9）膳食纤维　老年人的肠蠕动变慢，肌肉力量减弱，易发生便秘。给予充足的纤维素有利于防止便秘，并对防止结肠癌及降低血清胆固醇有所帮助。

（10）水　适宜的水有利于防止便秘，但过多会增加心、肾负担。全日供给量（包括食物中水）应不超过2 000毫升。

3. 老年人的膳食

老年人的食物应多样化，以便所有的营养素都能够摄入，偏食和不必要的禁食是有害的。在主食中可适当搭配些粗杂粮，如玉米、小米、燕麦等。副食中肉类应适当选用含脂肪较低，蛋白质较高又易消化的精瘦肉、鸡、鱼等；含钙丰富且吸收率较高的牛奶及奶制品最好每天摄入；偶尔选食肝、血等食品以补充铁质；至于是否每天都有鸡蛋可视血胆固醇的量而定；大豆及豆制品含蛋白高、不饱和脂肪酸多，含钙较高且其中的豆固醇有降血脂作用，应多选用；新鲜蔬菜特别是深色蔬菜及水果，含较多无机盐、维生素及膳食纤维，对维持老人健康有利，可根据老人的消化吸收能力尽量多选食。另外，红枣、核桃、芝麻、香菇、木耳、银耳、海带、紫菜等也要时常选用。过油、过甜及过咸的食物应少用或不用。对烟熏食品和含色素、香精及各种添加剂的食品应慎用。老年人应至少保证一日三餐，并可适当加餐，但不要因为餐次多而使进食量超过正常的热量。烹调方式应多变，饮食宜清淡。每餐都应同时有主、副食。切忌“暴食暴饮”或“饥一顿，饱一顿”。考虑到有些老年人牙齿不好，食物宜软并做到干稀搭配。总之，老年人的膳食应该是一个符合老年人的生理特点及生活习惯的清淡、易消化的平衡膳食。

老年人一日膳食内容举例见表5—4。

表5—4　　老年人一日膳食内容举例

食物类别	食物用量（克）
谷　类	200～300
肉　类	100
鸡　蛋	50
豆制品	100

续表

食物类别	食物用量（克）
牛奶或豆浆	250
蔬　菜	300～400
水　果	100～200
烹调油	20
食用糖	10
全日热能（千焦）	6 694.4～8 368
全日蛋白质（克）	72～80

第三节　烹调方式对膳食营养的影响

食物在加工过程中，若不注意合理烹调，很多营养素会被破坏。为了让人们能从烹调好的食物中获得更多的营养，就应通过合理烹调加工，尽量减少营养素的损失，以提高食物在人体内的利用率，增进人体健康。常见的烹调方法对膳食中营养素的影响主要包括：

一、主食烹调中营养素的损失

米面中的水溶性维生素和无机盐容易受到损失。如做米饭淘米时，随淘米次数、浸泡时间的增加，营养素的损失就会增加。做捞米饭时，可使大量维生素、无机盐、碳水化合物甚至蛋白质溶于米汤中，如丢弃米汤不吃，就会造成损失。熬粥、蒸馒头加碱，可使维生素 B_1 和维生素 C 受破坏。炸油条，因加碱和高温油炸，维生素 B 和尼克酸损失约 50%，维生素 B_1 则几乎损失殆尽。吃捞面比吃汤面营养素损失更多。因此，为保护营养素少受损失，制作米面食品时，以蒸、烙较好，以减少营养素的损失。

二、副食烹调时营养素的损失

蔬菜含有丰富的水溶性 B 族维生素、维生素 C 和无机盐。不同的烹调加工方式对它们的保存有很大的影响。有人试验，把嫩黄瓜切成薄片凉拌，放置 2 小时，维生素损失 33%～35%；放置 3 小时，损失 41%～49%。炒青菜时若加水过多，大量的维生素溶于水里，如吃菜弃汤，维生素也会随之丢失。特别是有人把青菜先焯一下，然后挤出菜汁再炒，维生素和无机盐的损失则更为严重。一般来说，食物所含的蛋白质、脂肪、碳水化合物、无机盐因性质比较稳定，在烹调过程中损失较少，而所含的维生素，尤其是水溶性维生素因易水解，如烹调加工方式不当，很容易被破坏而损失。烹调肉类食品，常用红烧、清炖、蒸、炸、快炒等方法，其中以红烧、清炖，维生素 B_1 损失最多，达 60%～65%；蒸和油炸损失为 45%；快炒亦损失 13%。肉类中所含的维生素 B_2，清蒸丸子损失为 87%；红烧、清炖肉块损失 40%；快炒肉丝仅损失 20%。

第四节　平衡膳食与中国居民膳食指南

平衡膳食的基本原则可概括为“全面、均衡、适度”。任何单调的饮食或不良的偏食习惯都会造成某些营养在体内过剩而另一些营养素则过少，导致机体营养失衡。只有当人们同时进食种类齐全、数量充足和比例适当的混合物才能取得良好效果。

一、平衡膳食包含的主要内容

1. 调配得当。
2. 品种多样。
3. 三大产热营养素（蛋白质、脂肪和碳水化合物）之间的比例应适当。
4. 非产热营养素与产热营养素之间的比例应协调。
5. 各类维生素和矿物质之间的比例应协调。

二、中国居民膳食指南(1997 年,中国营养学会常务理事会通过),主要内容

1. 食物多样，谷类为主

人类的食物是多种多样的，各种食物所含的营养成分不完全相同，除母乳外，任何一种天然食物都不能提供人体所需的全部营养素。平衡膳食必须由多种食物组成，才能满足人体各种营养需要，达到合理营养，促进健康的目的。因此要提倡人们广泛食用多种食物。多种食物应包括以下 5 大类：

第一类为谷类及薯类：谷类包括米、面、杂粮，薯类包括马铃薯、甘薯、木薯等，主要提供碳水化合物、蛋白质、膳食纤维及 B 族维生素。

第二类为动物性食物：包括肉、禽、鱼、奶、蛋等，主要提供蛋白质、脂肪、矿物质、维生素 A 和 B 族维生素。

第三类为豆类及其制品：包括大豆及其他干豆类，主要提供蛋白质、脂肪、膳食纤维、矿物质和 B 族维生素。

第四类为蔬菜水果类：包括鲜豆、根茎、叶菜、茄果等。主要提供膳食纤维、矿物质、维生素 C 和胡萝卜素。

第五类为纯热能食物：包括动植物油、淀粉、食用糖和酒类，主要提供能量。植物油还可提供维生素 E 和必需脂肪酸。

谷类食物是中国传统膳食的主体。随着经济发展生活改善，人们倾向于食用更多的动物性食物。根据 1992 年全国营养调查的结果，在一些比较富裕的家庭中动物性食物的消耗量已经超过了谷类的消耗量。这种“西方化”或“富裕型”膳食提供的能量和脂肪过高，而膳食纤维过低，对一些慢性病的预防不利。提出谷类为主是为了提醒人们保持我国膳食的良好传统，防止发达国家膳食的弊端。另外，要注意粗细搭配，经常吃一些粗粮、杂粮等。稻米、小麦不要太精，否则谷粒表层所含的维生素、矿物质等营养素和膳食纤维大部分流失到糠麸之中。

2. 多吃蔬菜、水果和薯类

蔬菜和水果含有丰富的维生素、矿物质和膳食纤维。蔬菜的种类繁多，包括植物的叶、茎、花苔、茄果、鲜豆、食用蕈藻等，不同品种所含营养成分不尽相同，甚至悬殊很大。红、黄、绿等深色蔬菜中维生素含量超过浅色蔬菜和一般水果，它们是胡萝卜素、维生素 B_2、维生素C和叶酸、矿物质（钙、磷、钾、镁、铁）、膳食纤维和天然抗氧化物的主要或重要来源。有些水果的维生素及一些微量元素的含量不如新鲜蔬菜，但水果含有的葡萄糖、果糖、柠檬酸、苹果酸、果胶等物质又比蔬菜丰富。红黄色水果如鲜枣、柑橘、柿子和杏等是维生素和胡萝卜素的极好来源。我国近年来开发的野果如猕猴桃、刺梨、沙棘、黑加仑等也是维生素C、胡萝卜素的丰富来源。

3. 每天吃奶类、豆类或其制品

奶类除含丰富的优质蛋白质和维生素外，含钙量较高，且利用率也很高，是天然钙质的极好来源。我国居民膳食提供的钙普遍偏低，平均只达到推荐供给量的一半左右。我国婴幼儿佝偻病的患儿也较多，这和膳食钙不足可能有一定的联系，大量的研究工作表明，给儿童、青少年补钙可以提高其骨密度，从而延缓其发生骨质疏松的年龄；给老年人补钙也可减缓其骨质丢失的速度。因此，应大力发展奶类的生产和消费。豆类是我国的传统食品，它含丰富的优质蛋白质、不饱和脂肪酸、钙及维生素 B_1、烟酸等。为提高农村人口的蛋白质摄入量及防止城市人口更多消费肉类带来的不利影响，应大力提倡豆类及豆制品的生产和消费。

4. 经常吃适量鱼、禽、蛋、瘦肉，少吃肥肉和荤油

鱼、禽、蛋、瘦肉等动物性食物是优质蛋白质、脂溶性维生素和矿物质的良好来源。动物性蛋白质的氨基酸组成更适合人体需要，且赖氨酸含量较高，有利于补充植物性蛋白质中赖氨酸的不足。肉类中铁的利用较好，鱼类特别是海产品所含不饱和脂肪酸有减低血脂和防止血栓形成的作用。动物肝脏含维生素A极为丰富，还富含维生素 B_{12}、叶酸等。但有些脏器如脑、肾等所含胆固醇相当高，对预防心血管系统疾病不利。我国相当一部分城市和绝大多数农村居民平均吃动物性膳食的量还不够，应适当增加摄入量。但部分大城市居民食用动物性食物过多，而吃谷类和蔬菜不足，这对健康也不利。

肥肉和荤油为高能量和高脂肪食物，人体摄入过多往往引起肥胖，并且是造成某些慢性病的危险因素，应当少吃。目前猪肉仍为我国人民的主要肉食，猪肉脂肪含量高，应发展瘦肉型猪。鸡、鱼、兔、牛肉等动物性食物含蛋白质较高，脂肪较低，产生的能量远低于猪肉。应大力提倡吃这些食物，适量减少猪肉的消费比例。

5. 食量与体力活动要平衡，保持适宜体重

进食量与体力活动是控制体重的两个主要因素。食物提供人体能量。体力活动消耗能量。如果进食量过多而活动量不足，多余的能量就会在体内以脂肪的形式积存即增加体重，久之发胖；相反若食量不足，劳动或运动量过大，可由于能量不足引起消瘦，因而造成劳动能力下降。所以人们需要保持食量与能量消耗之间的平衡。对于脑力劳动者和活动量较少的人应加强锻炼，开展适宜的运动，如快走、慢跑、游泳等。对于消瘦的儿童应增加食量和油脂的摄入，以维持正常生长发育和适宜体重。体重过高或过低都是不健康的表现，可造成抵抗力的下降，易患某些疾病，如老年的慢性病或儿童的传染病等。经常运动会增强心血管和呼吸系统的功能，保持良好的生理状态，可提高工作效率、调节食欲、预防骨质疏松。

6. 吃清淡少盐的膳食

吃清淡膳食有利于健康，即膳食不要太油腻，不要太咸，不要吃过多的动物性食物和油炸、烟熏食物。目前，城市居民油脂的摄入量越来越高，这样不利于健康。我国居民食盐摄入量过多，平均值是世界卫生组织建议的 2 倍以上。流行病学调查表明，钠的摄入量与高血压发病率呈正相关，因而食盐不宜过多。世界卫生组织建议每人每日食盐用量以不超过 6 克为宜。膳食钠的来源除食盐外还包括酱油、咸菜、味精等高钠食品及含钠的加工食品等。应从幼年就养成吃少盐膳食的习惯。

7. 饮酒应限量

在节假日、喜庆和交际场合，人们往往饮酒。高度酒含能量高，不含其他营养素。无节制地饮酒，会使食欲下降，食物摄入减少，以致发生各种营养素缺乏，严重时还会造成酒精性肝硬化。过量饮酒会增加患高血压、中风等危险，并可导致事故及暴力的增加，对个人健康和社会安定都是有害的。应严禁酗酒，若饮酒可少量饮用低度酒，青少年不应饮酒。

8. 吃清洁卫生不变质的食物

在选购食物时应当选择外观好，没有污染、杂质，没有变色、变味并符合卫生标准的食物，严把病从口入关。进餐要注意卫生条件，包括进餐环境、餐具和供餐者的健康卫生状况。集体用餐要提倡分餐制，减少疾病传染的机会。

为了形象地表达膳食指南的原则，使群众容易理解和便于在日常生活中参照执行，中国营养学会设计和制订了中国平衡膳食宝塔，提出了中国居民平均每天各类食物摄入量的参考值或范围。

中国平衡膳食宝塔建议平均每人每日摄入谷类 300～500 克，干豆类 50 克，蔬菜 400～500 克，水果 100～200 克，禽畜肉 50～100 克，蛋类 25～50 克，鱼类 50 克，奶类 100 克，食油 25 克。

建议的摄入量约可提供能量7 648.35～11 635.7千焦，蛋白质 67.6～98.6 克，脂肪 60.5～80.8 克，视黄醇当量（RE）597～921 毫克，硫胺素 0.90～1.39 毫克，核黄素 0.93～1.40 毫克，钙 722～976 毫克，铁 22.4～31.9 毫克，锌 10.4～15.8 毫克。建议膳食提供维生素 C，维生素 E 及烟酸均较充足。

如果以推荐的标准人膳食营养素供给量来衡量此建议膳食的平均值，则能量达到 94.8%，蛋白质 116.7%，RE93.1%，核黄素 92.5%，钙 97.4%，锌 99.3%。建议膳食的谷类能量占总能量的 56.8%，脂肪能量占 27.1%；动物性食物和豆类食物提供膳食蛋白质的 52.4%；动物性的维生素 A 占 RE 的 38.8%；动物性铁占总铁的 14.8%。从营养素的供给量看建议的膳食是比较科学的；从食物构成看比较接近实际，是可为中国居民接受的；从对食物需求量来看是有可能逐步达到的。

第五节　非健康人群的膳食调理

一、冠心病人群的膳食调理

冠心病即冠状动脉粥样硬化性心脏病。它是目前威胁人们健康和生命最严重的常见慢性病，且发病率逐年增高。冠心病的病因及发病机理目前尚未完全阐明，但普遍认为高脂血症、高血压、肥胖、吸烟、糖尿病和缺乏活动是引起冠心病的危险因素。冠心病的预防和治疗即是针对上述危险因素而进行的。其中，经常性大量摄取具有降脂作用的食物，避免高脂肪高胆固醇食物，被认为是可靠和安全的措施之一，常用食物中胆固醇含量（参见表5—5）。

表5—5　　常用食物中胆固醇含量（毫克/100克食物）

食物名称	含量	食物名称	含量	食物名称	含量
猪肉（瘦）	77	脱脂奶粉	28	凤尾鱼	330
猪肉（肥）	107	全脂奶粉	104	墨斗鱼	275
猪心	158	鸭蛋	634	小白虾	54
猪肚	159	松花蛋	649	对虾	150
猪肝	368	鸡蛋	680	青虾	158
猪肾	405	鲳鱼	68	虾皮	608
猪脑	3 100	大黄鱼	79	小虾米	738
牛肉（瘦）	63	草鱼	81	海参	0
牛肉（肥）	194	鲤鱼	83	海蜇头	5
羊肉（瘦）	65	马哈鱼	86	海蜇皮	16
羊肉（肥）	173	鲫鱼	93	猪油	85
鸭肉	101	带鱼	97	牛油	89
鸡肉	117	梭鱼	128	奶油	168
牛奶	13	鳗鲡	186	黄油	295

具有降脂作用的食物主要包括鱼类、膳食纤维、大豆及其制品等；高脂肪高胆固醇食物主要有动物内脏、肥肉、蛋黄、全脂奶和奶油等。同时，应保持热能平衡，以达到并维持理想体重，这是营养保健的核心。还需摄入充足的维生素（特别是维生素C、E和胡萝卜素等）及矿物质；限制食盐；禁烟；饮酒要节制。

二、肥胖症的营养治疗

1. 肥胖的概念和种类

肥胖实际上是一个医学名词，其正确定义是机体脂肪的过度积聚与脂肪组织的过量扩增，即体重超过正常标准体重的20%的人，即称为肥胖。

标准体重的计算可由下面的简单公式得到：

标准体重（千克）＝身高（厘米）－105

凡体重在标准体重的±10%以内，都是理想体重范围，称为正常；当体重超过标准体重的20%时，称为肥胖；少于标准体重的20%时，称为消瘦。

肥胖不仅仅是身体过重，而且是一种疾病。它会导致高血压、冠心病、糖尿病、胆石症、痛风、骨性关节炎和高脂血症等多种并发症。因此减轻体重，控制肥胖也是医疗保健中的一个重要课题。肥胖可分为单纯性肥胖和继发性肥胖。单纯性肥胖是一种多见于生活条件优越的人群中的营养不良性疾病。其特点就是脂肪过多，超过了正常范围并危害身体健康。单纯性肥胖又分为：体质性肥胖，多发生于小孩和青少年，对这种肥胖要及早纠正，否则治疗效果欠佳；获得性肥胖，多发生于中年以后，由于不良的生活习惯导致，治疗效果较好。继发性肥胖指断发于其他疾病的肥胖，如肾上腺皮质机能亢进，甲状腺机能过低等引起的肥胖，属于病态型肥胖，应首先查明原发疾病并积极治疗。

2. 饮食减肥的原则

依靠饮食减肥，制定节食计划时应当按照下列 7 条原则执行：

（1）平衡热量　可简单地按照如下公式计算：

当前体重×13（如果很少活动）或×14（稍有活动）或×15（适度活动）或×16（高度活动）或×17（剧烈活动），从乘积中减去2 092千焦，就是每周减轻 1 磅体重应保持的每日热量摄人。

(2) 少吃多餐　一天可以多达 6 餐。一些研究结果表明，频繁少量进食的人比一天吃 3 餐的人体重要轻。

（3）重视早餐　要使早餐少含胆固醇并富于营养，否则在中午可能过多进食，并且会感到精力不足。

（4）晚餐节食　晚上活动较少，因此热能的消耗也会少一些。

（5）不应挑食　应限制对饭菜品种的挑剔，同时应限制高脂肪高热量的食物，如油炸食品、肥肉、花生、瓜子等。

（6）多量饮水　每天 6～8 杯水，不但能抑制食欲，而且能帮助体内脂肪的代谢。

（7）细嚼慢咽　就餐时要有汤和其他耗时的食物。例如吃苹果而不吃果酱，吃粗粉面包而不吃精粉面包。

三、糖尿病的营养治疗

糖尿病的治疗包括有饮食治疗、药物治疗、运动治疗、血糖监测、糖尿病教育等，其中的饮食治疗就是驾辕之马，也就是说以饮食控制对糖尿病治疗是最为重要的。糖尿病病人，在任何时间内都需要进行糖尿病饮食治疗。没有饮食控制，就没有糖尿病的理想控制。糖尿病饮食治疗的作用包括：首先控制血糖、血脂，预防或延缓并发症的发生发展；其次维持正常体重，使肥胖者降低体重以改善身体对胰岛素的敏感性，使消瘦者体重增加以增强对疾病的抵抗力；再次维持健康，使患者从事正常的活动。所以每个糖尿病人都必须把合理控制饮食作为与疾病做斗争的必要手段，终生进行饮食治疗。

1. 糖尿病的饮食治疗的原则

（1）控制每日摄入所有食物提供的总热量，以达到或维持理想体重为宜。

（2）平衡膳食以达到足够的营养，合理安排各种营养物质在膳食中所占的比例。

（3）低脂肪、适量优质蛋白质、高碳水化合物饮食。其中高碳水化合物是指适量放宽对主食的限制，对单糖、双糖、糕点和甜食予以限制。

（4）高纤维饮食。多选择如粗粮、蔬菜等食物，以利于血糖和血脂的下降及大便的通畅。

（5）清淡饮食，少吃盐，每日吃盐 6～8 克。

（6）坚持少量多餐，定时定量定餐，一天不少于三餐。

2. 糖尿病人每日食谱中营养素含量的计算标准（参见表 5—6）

表 5—6　　成人糖尿病患者每公斤标准体重所需热量

劳动强度	消瘦（千焦/千克）	正常（千焦/千克）	肥胖（千焦/千克）
卧床休息	83.68～104.6	62.76～83.68	62.76
轻体力劳动	146.44	104.6～125.52	83.68～104.6
中等体力劳动	167.36	146.44	125.52
重体力劳动	167.36～188.28	167.56	146.44

3. 糖尿病食品交换份

食品交换份是将食物按照来源、性质分成可以互换的几大类。同类食物在一定重量内，所含的蛋白质、脂肪、碳水化合物和热量相似。不同类食物间所提供的热量也是相等的。糖尿病患者可以根据自己的饮食习惯、经济条件、季节、市场供应情况等选择食物，调剂一日三餐。在不超出或保证控制全天总热量，保证充足的营养的前提下，糖尿病人可以和正常人一样享受膳食。

食品交换份将食物分成 4 大类（细分可分成 8 小类），每份食物所含热量大致相仿，约 376.56 千焦，同类食物可以任意互换。参见表 5—7、表 5—8。

4. 糖尿病患者饮食控制认识误区

饮食控制是糖尿病综合治疗的一项最基本的措施。各种类型的糖尿病人都必须在临床医生和营养医生的指导下，学会如何计算自己每天所需的总热量和营养素量，安排合理平衡多样的食谱，根据个人情况及时正确地调整饮食，提高自己的生活质量和生活乐趣。然而，临床上碰到许多糖尿病人在饮食控制的认识上存在误区，具体表现如下：

表 5—7　　食品交换份之基本内容

组别	类别	每份质量（克）	热量（千焦）	蛋白质	脂肪	碳水化物	主要营养素
谷薯组	1. 谷薯类	25（1/2 两）	376.56	2.0	—	20.0	碳水化合物 膳食纤维
菜果组	2. 蔬菜类	500（1 斤）	376.56	5.0	—	17.0	无机盐、维生素
	3. 水果类	200（4 两）	376.56	1.0	—	21.0	膳食纤维
肉蛋组	4. 大豆类	25（1/2 两）	376.56	9.0	4.0	4.0	蛋白质
	5. 奶制品	60（3 两）	376.56	5.0	5.0	6.0	脂肪
	6. 肉蛋类	50（1 两）	376.56	9.0	6.0	—	
油脂组	7. 硬果类	15（1/3 两）	376.56	4.0	7.0	2.0	脂肪
	8. 油脂类	10（1 汤匙）	376.56	—	10.0	—	

表 5—8　　不同热量糖尿病饮食内容

热量		谷薯类		菜果类		肉蛋豆类		浆乳类（牛奶）		油脂类	
千焦	交换单位	质量（克）	交换单位	质量（千克）	交换单位	质量（克）	交换单位	质量（克）	交换单位	汤匙	交换单位
5 020.8	14	150	6	0.5	1	150	3	250	1.5	2	2
5 887.6	16	200	8	0.5	1	150	3	250	1.5	2	2
6 694.4	18	250	10	0.5	1	150	3	250	1.5	2	2
7 531.2	20	300	12	0.5	1	150	3	250	1.5	2	2
8 368.0	22	350	14	0.5	1	150	3	250	1.5	2	2
9 204.8	24	400	16	0.5	1	150	3	250	1.5	2	2

（1）误区之一：控制主食的摄入就等于饮食控制，饭吃的越少对病情控制越有利。

不少病人只控制主食摄入，认为饭越少越好甚至连续数年把主食控制在每餐仅吃半两到一两，由此造成两种后果：一是由于主食摄入不足，总热量无法满足机体代谢的需要，而导致体内脂肪、蛋白质过量分解，身体消瘦，营养不良甚至产生饥饿性酮症。另一种是认为已经控制了饮食，而油脂、零食、肉蛋类食物不加控制，使每日总热量远远超过控制范围，而且脂肪摄入过多易并发高血脂症和心血管疾病，使饮食控制失败。其实，糖尿病饮食控制是需要控制摄入食物所产生的总热量与含热量较高的脂肪。相反主食中含较多的复合碳水化合物，其升血糖的速率相对较慢，在适当范围内应增加摄入量。

（2）误区之二：咸的食品或含甜味剂的糖尿病专用食品不用控制食人。

部分病人错误认为，糖尿病就是不吃甜的食物，吃饭要控制，但咸面包、咸饼干以及市场上大量糖尿病专用甜味剂食品不含糖，饥饿时可以用它们充饥而不需控制。其实，各种面包、饼干都是粮食做的，与米饭、馒头一样，吃下去也会在体内转化成葡萄糖而导致血糖升高。因此吃这类食品仍应计入总热量范围内再选择，但它们可以改善单调的口味，提高生活乐趣。

（3）误区之三：多吃了食物只要加大口服降糖药剂量就可以消化掉。

一些病人在感到饥饿时常忍不住多吃饭，此时他们会采取自行加大原来的服药剂量的方法，误认为饮食增加了，多吃点降糖药即可把多吃的糖抵消了。事实上，这样做不但使饮食控制形同虚设，而且加重了胰腺的负担，同时增加了低血糖及药物毒作用的发生，非常不利于病情的控制。

（4）误区之四：饮食控制已非常严格，吃点零食充饥没有关系。

部分病人三餐控制比较理想，但由于饥饿或其他原因养成吃零食如花生、瓜子、休闲食品等的习惯，殊不知这样也破坏了饮食控制。因为大多数零食均为含油脂量及热量较高的食品，病人如任意食用会很快超出所需总热量范围。

5. 糖尿病人食用的基本原则

很多糖尿病人不敢吃水果，因为水果的主要成分是糖，如葡萄糖、果糖和蔗糖等。一些水果中还含有少量的淀粉，如苹果、芒果和香蕉等。若食用不当，可升高血糖，甚至使病情出现反复。

糖尿病人可以吃点水果，因为水果有“三宝”：维生素、无机盐和膳食纤维，对维持人体健康起着特殊的作用。

只要掌握好糖尿病人食用水果的 4 个要素，完全可以做到既控制好血糖，又可以得到水果的必要营养素以及精神享受。这 4 个要素是：把握好病情、把握好时机、把握好种类、把握好数量。

（1）把握好病情　糖尿病人在血糖控制稳定后，可适量进食部分水果；若血糖水平持续较高，或近期波动较大，暂不食用水果。

（2）把握好时机　水果不要和正餐合吃，而应作为加餐，可选择在上午 10 点或下午 3 点左右食用。

（3）把握好种类　应选含糖量相对较低及升高血糖速度较慢的水果。后者对不同的糖尿病人可能有一定差异，可根据自身的实践经验作出选择。一般而言，西瓜、草莓等含糖量较低，对糖尿病人较为合适，而柿子、香蕉、鲜荔枝等含糖量较高，糖尿病人不宜食用。

（4）把握好数量　糖尿病人每日食用水果的量不宜超过 200 克，同时应减少 25 克（半两）主食，这就是食物等值交换的办法，以使每日热能摄入的总量保持不变。

四、癌症病人常见的营养问题与改善方法

因癌瘤本身的作用及放疗、化疗和手术的影响，癌症病人普遍存在程度不同的蛋白质热量营养不良，突出表现为摄食减少和体重减轻。即使是轻度的营养不良也会影响患者的预后，并进一步降低病人的生活质量。很多患者为此心情沮丧，信心受挫。虽然改善癌症病人的营养状况并非易事，但了解影响其摄食的原因，并针对不同症状，采用相应的营养干预手段，可在一定程度上改善病人的生活质量及预后。

1. 食欲减退

营养干预的方法应强调少量多餐，每日进餐次数不限，鼓励病人进食，想吃时就吃，并尽量多吃。若在进餐过程中感觉疲倦或不适，可休息片刻后再进食。尽量满足病人对食物及烹调方法的要求并不断变换花样，特别注意色、香、味、形的搭配。可试用适量的开胃品（如山楂等）以增进食欲。进餐前后应保持轻松愉快的心情。过甜或油腻的食物会进一步降低食欲，应注意避免。

2. 味觉改变

很多癌症病人对甜味和酸味的感觉减弱，而对苦味较为敏感。对咸淡的感觉因人而异，变化较大。为此，可试用糖或柠檬以增强甜味和酸味，选用香菇、洋葱等味道独特的食物，尽量不用或少用苦瓜、芥菜等苦味重的食物，并根据病人对咸淡的感觉调节食盐的用量。

3. 恶心呕吐

食物需清淡而避免过甜或油腻，可适量选用酸味食物。不要一次大量摄入饮料。冷和热的食物不可同时摄入，以避免对胃肠的刺激。

上述这些手段或多或少地改变了病人原先的膳食习惯，并在实施的初期可能使病人感到不便。病人向亲友诉说自己的感受并获得他们的帮助或许有利于克服这些不便。很显然，病人自身的努力及其亲友的帮助与配合是营养治疗得以延续的根本保证，而舒适温馨的就餐环境则有助于增进营养治疗的效果。

五、慢性肾功能衰竭病人的营养治疗

1. 营养治疗的目的

肾功能受到一定的损害时，不能正常排出体内的废物和有毒物质，引起体内代谢物的潴留而导致一系列的代谢紊乱。因此合理营养可以减轻肾脏负担，纠正电解质的紊乱，维持病人的营养需要，增加其抗病能力，缓解病情，延长寿命。

2. 营养治疗的原则

主要是根据病人情况适量限制膳食中蛋白质的摄入，即低蛋白饮食并提高必需氨基酸的比例。同时给予充足的热量和适量的脂肪，以及充足的维生素、无机盐，并维持液体出入量的平衡。若合并高血压和水肿，则应限钠盐。根据病人血钾的情况来调整饮食中钾的摄入。另外需注意钙磷摄入问题。

(1) 蛋白质的摄入　蛋白质是构成人体组织的主要成分，对维持人体正常生理功能是必不可少的。除了油脂和水果中较少外，蛋白质存在于各种食物中。按照食物中所含氨基酸模式可分为优质蛋白和非优质蛋白，优质蛋白是指必需氨基酸种类齐全，比例适当，对生长发育有较大作用的蛋白，包括肉类，鱼类，奶、蛋类中的动物蛋白和豆类中的植物蛋白。而非优质蛋白含必需氨基酸相对较少，主要存在于谷类，蔬菜等食品中。

由于膳食高蛋白摄入会加重肾脏的高滤过状态从而导致肾脏功能的进一步损害，同时增加体内氮代谢产物的产生和潴留，因此主张应用低蛋白饮食减少肾脏损害。经常有病人认为以素食为主的饮食或不吃肉类就是低蛋白饮食，其实素食中植物蛋白含有的必需氨基酸较少，不能满足人体的需要，长期食用会造成蛋白质营养不良，不利于肾功能的恢复。因此既要限制总蛋白的摄入，又要在限量范围内提高优质蛋白的比例。可采用部分麦淀粉饮食作为主要热能来源，以代替大米和面粉。因为大米和面粉等主食中含有大量非优质植物蛋白（每 50 克含 4 克），而麦淀粉中几乎不含有蛋白，但因制作不易，也可用目前市场销售的玉米淀粉、红薯淀粉、藕粉、粉丝等含蛋白极少的食品代替，这样将植物蛋白用动物蛋白加以补充，从而满足体内的生理需要。另外也可以通过合理搭配膳食达到低蛋白的要求，即尽量限制植物蛋白，多选用动物蛋白。

(2) 热量的问题　在低蛋白膳食时，热量供给必须充分，足以维持正常生活。热量的主要来源是碳水化合物和脂肪，每日摄入热量应为 125.52～146.44 千焦/千克体重。可以选择一些含热量高而蛋白质含量低的食物，像土豆、藕粉、粉丝、芋头、白薯、山药、南瓜、菱角粉、荸荠粉等。由于慢性肾衰多合并有高血脂症，因此这类病人要减少脂肪和胆固醇的摄入，像肥肉、动物内脏、动物性油脂、油炸食品等应减少食用，应提倡在限定范围内多用植物油。在烹调方法上多用凉拌、煮、熬、炖等方法。如果同时患有糖尿病，则应在营养医师的具体指导下，经计算后调配饮食。

(3) 水、钠的问题　慢性肾衰发展到一定阶段常可出现高血压、浮肿或尿量减少，而低盐饮食可以有效地防止这些并发症的进展。一般规定每天食盐摄入量不超过 2～3 克，或酱油 10 毫升。禁用盐腌食品，像咸肉、咸蛋、酱菜、香肠、火腿等。因为低盐饮食会影响味觉，降低食欲，因此可以用些糖醋烹饪，食用山楂、果汁刺激食欲（糖尿病患者慎用）。若病人服用利尿剂或伴有呕吐、腹泻时，不应再限钠盐，甚至还需补充。掌握病人液体出入平衡也很重要，一般每日入液量为前一日的排尿量加上 500 毫升，但当病人合并发烧，呕吐，腹泻等症状时，就应再多补充液体。因此患者还需了解食物含水量，量出为入。

(4) 钾的问题　若每日尿量（大于1 000毫升）和血钾量正常时，不必限制钾的摄入，一般可以随意选食蔬菜和水果。由于肾脏对钾的排泄功能降低，若出现高血钾时，常对机体造成危害甚至危及生命，因此应适当限制含钾高的食物，每日应低于1 500～2 000毫克。一般像瓜果类蔬菜（南瓜、冬瓜、葫芦），苹果，梨，菠萝，西瓜，葡萄的含钾量都比较低，可以食用，而含钾高的食品像油菜、菠菜、韭菜、番茄、海带、香蕉、桃子应该适当限制，但是也不意味着绝对不能吃，而是在总量范围内有选择地吃。同时避免食用浓缩果汁。当然出现低血钾时，还应多食含钾高的食品。

(5) 钙磷的问题　因为肾脏损害时对磷的排泄减少，导致血磷升高，因此理想的治疗膳食应提高钙含量，降低磷含量。可多食含钙丰富且易被人体吸收的食品，像牛奶、豆制品、海产品，也可同时服用钙剂补充调整。而低蛋白饮食本身就降低了磷的摄入，服用胶体磷酸铝等药物也可减少肠道对磷的吸收。

(6) 豆制品的问题　长期以来肾衰病人不能吃豆制品已被广泛传播，但是现代医学研究认为豆制品中的蛋白质也是一种优质蛋白质，虽属植物蛋白，但其中相对于谷类和蔬菜，豆制品所含必需氨基酸仍较多，因此在适当范围内可以食用，不必视豆制品为大敌而完全限制。因为它也可以提供钙、B 族维生素等有益物质，所以每日吃少量豆制品是可以的。

第七章　世界饮食文化

第一节　世界主要文化节日

一、佛教传统节日

1. 佛诞节　为佛教节日，又叫佛浴节，是纪念佛教创立者释迦牟尼诞辰的节日。我国汉族历史记载的是农历的四月初八，藏族和蒙古族认为是农历四月十五，傣族和布朗族认为是清明节后的第10天；日本定为公历4月8日；而东南亚的国家则把释迦牟尼的诞辰日、佛成道日、涅槃日三天合并为一天，称为维萨迦节，又叫世界佛陀日，时间定为每年5月的月圆之日，此时正是雨季旱季的转换时节，是东南亚佛教国家重要的传统节日—宋干节（求雨的节日），也是泰国的新年，在泰国节日往往要持续一周的时间。在我国云南傣族人民聚集的地区此节日已演变成泼水节。这一天寺院与民间的人们相互以撒豆结缘方式以示纪念，人们用桐叶等树叶的汁液制作青黑色的米饭（乌饭），或用树木的春花、榆钱、玫瑰做成糕饼相互赠送，联结友谊。

2. 中元节　农历七月十五为中元节，又叫盂兰盆节、鬼节，是纪念释迦牟尼逝世以及祭奠先人的日子，人们习惯用硕大的果料糕饼来供奉祖先，在北方民间节日饮食以素食为主。

3. 腊八节　又叫佛成道节，为佛教传统节日。农历的十二月初八是释迦牟尼得道成佛之日。传说年轻时期的释迦牟尼为了修道，放弃了王公贵族生活毅然出走，修道没有结果，于是又进入苦行林中苦修6年，还是没有结果，当他耗尽体力走出苦行林，躺在尼连禅河岸边菩提树下时，却因为得到了牧羊女善生送给的香乳糜而恢复了元气体力，传说香乳糜就是五谷杂粮熬制的粥食，后来他在菩提树下盘坐静思49天，终于开悟成道，这一天适逢农历十二月初八。为了颂扬释迦牟尼的功德，汉族人民把这一天称为佛成道日，届时寺庙中都要焚香礼佛，钟鼓齐鸣，举行纪念法会。在头一天的晚上，人们用五谷杂粮、干果熬煮成腊八粥，在节日早上食用。熬制腊八粥的原料有大米、小米、江米、大麦米、小麦米、薏仁米、红豆、绿豆、芸豆、莲子、白果、花生仁、桂圆、杏仁、瓜子仁、葡萄干、红枣、栗子、果脯等。除了喝腊八粥之外，这一天还要做腊八醋、泡腊八蒜、做腊肉，祭祀佛祖，期盼丰年。

二、伊斯兰教传统节日

1. 古尔邦节

伊斯兰教节日，又叫宰牲节、忠孝节。古尔邦是阿拉伯语献牲的意思。相传先知易卜拉欣的儿子伊斯玛义13岁时，真主安拉启示易卜拉欣要他宰杀自己的儿子伊斯玛义进行奉献，易卜拉欣遵命行事，自己的儿子伊斯玛义也欣然表示同意，这时安拉派遣天使吉卜利勒牵来一只黑头白身绵羊来到米纳山谷，替代伊斯玛义献牲，这一天正是伊斯兰教历的 12 月 10 日，为纪念易卜拉欣和他的儿子伊斯玛义为安拉牺牲奉献的精神，人们把这一天定为宰牲祭礼的节日。古尔邦节是东南亚、西亚、中亚、南欧、北非等地信奉伊斯兰教的国家最为重要的节日，也是我国回族、维吾尔族、东乡族、柯尔克孜族、撒拉族、塔吉克族、塔塔尔族、乌孜别克族、保安族等十多个兄弟民族的重大节日，馓子、卷果、油香、烤全羊、烤羊腿等都是节日的重要食物。在阿拉伯人们不仅宰杀牛羊，而且还宰杀骆驼。伊斯兰教严格的教规规定：忌食自死的动物，忌食动物血液，忌食非伊斯兰方式宰杀的牛、羊、驼、鸡、鸭、鹅等动物，忌食形象丑陋的动物，忌食猪肉、驴肉、狗肉等。

2. 开斋节

伊斯兰教节日，又叫肉孜节，肉孜是阿拉伯语斋戒的意思。伊斯兰教历的九月，是一年之中吉祥尊贵的月份，教规中规定每一位虔诚的、健康的成年穆斯林应全月封斋，每日从拂晓至日落禁绝饮食，封斋 29 天，第 29 天傍晚如见新月，次日即为开斋节，如不见新月，再把斋 1 天共为 30 天，次日即为开斋节。开斋节同样是东南亚、西亚、中亚、南欧、北非信奉伊斯兰教的国家最为重要的节日，也是我国回族、维吾尔族、东乡族、柯尔克孜族、撒拉族、塔吉克族、塔塔尔族、乌孜别克族、保安族等十多个兄弟民族的重大节日。

3. 圣纪节

伊斯兰教节日，又叫圣祭节、圣忌节、牟噜得节，在我国许多地区称为圣会。圣纪节为伊斯兰教历的三月十二日，是伊斯兰教创始人先知穆罕默德的生日和忌日。节日的主题是感赞先知开创伊斯兰的新纪元，感谢把穆斯林引上安拉赞许的道路，学习先知穆罕默德对安拉的忠诚和平等待人接物的美德。

三、基督教传统节日

1. 圣诞节

圣诞节是基督教各派信徒纪念耶稣诞辰的日子，耶稣诞生于犹太的伯利恒城，为童贞女马利亚感圣灵怀孕而生。公元 274 年罗马帝国规定将太阳神诞生日改为耶稣诞辰日，意取耶稣为正义的太阳。1582 年教皇格列高利 13 世将欧洲通用的儒略历修订为世界公认的公历，确定圣诞节为 12 月 25 日，并沿用至今。圣诞节的主题是再现耶稣诞生的伟大时刻，感谢上帝对人类的拯救。在欧洲、美洲、大洋洲、亚洲等基督教盛行的国家地区，是人们欢庆的最大节日，持续时间长达一周。圣诞节日期间，人们以圣诞面包、圣诞蛋糕、圣诞布丁、圣诞糖果、圣诞巧克力、圣诞酒、烤乳猪、烤火鸡、烤鸭、烤鹅、烤牛排、甜品装点节日餐桌。

2. 复活节

在基督教的节日中，复活节是仅次于圣诞节的节日。据圣经记载，耶稣被罗马总督判处死刑，钉死在十字架上，三天之后又复活了，门徒们在加利利的地方见到了耶酥，耶酥告诉他的门徒们，他要与他们在一起，直至世界末日。公元 325 年尼西亚大公会议上统一规定每年春季月圆后的第一个星期日为复活节，一般在 3 月 21 日至 4 月 25 日之间，为了纪念耶稣的复活，虔诚的信徒们，要举行斋戒，不吃动物肉食，不用刀叉进食，减少娱乐。复活节是孩子们欢乐的节日，拣拾彩蛋是节日期间重要的活动。用小动物形状做成的巧克力糖果，装点精美的甜点，是节日中的重要食物。

3. 狂欢节

狂欢节是基督教的节日。狂欢节源于古代埃及、希腊的牧神节、神牛节、酒神节，中世纪时渐渐被罗马天主教所接受，现在广泛流传于欧美和大洋洲地区。狂欢节是在2月18日至20日举行，整个活动持续3天，狂欢节盛大的游行使欢庆的人们沉浸在近乎疯狂的兴奋之中。

4. 情人节

情人节是基督教的节日，又叫瓦伦丁节，每年的2月14日是西方国家的情人节。相传公元3世纪，罗马帝国的基督教徒瓦伦丁因带头反抗罗马统治者的迫害而被捕坐牢，他得到了典狱长女儿的精心照料，建立了爱情，在公元270年2月14日，瓦伦丁在被处死行刑之前，向姑娘表达了自己的深情爱意，基督教徒为了永久纪念瓦伦丁，把2月14日定为情人节，情人节是年轻的恋人相互表达爱心的时刻。

四、犹太教传统节日

1. 安息日

安息日是星期日的最早来源，安息日是犹太教规定的休息日。上帝在创造世界的日子里，劳动6天之后就休息1天，犹太教的祖先遵照上帝的旨意，把守安息日作为他们宗教教义及活动的一个内容而延续至今，每个犹太教徒的家庭要在星期五的晚上享用酒、面包和最好的食物，以此祝福安息日的到来。

2. 逾越节

犹太教重要的节日，是犹太民族的新年，也是古代以色列人在最大先知摩西的带领之下逃离埃及获得解放的纪念日，时间是每年希伯来历尼桑月的第15天，节日活动达8天之久，大约在公历的4月22日至29日之间。传说古代以色列人曾经沦为埃及法老的奴隶，在上帝的帮助下，摩西带领以色列人逃离了埃及。为了躲避瘟疫，避免误伤自己人，根据上帝旨意，每一个犹太家庭要杀一只羊，并将羊血涂抹在门框上，士兵们见涂有血的门户，便逾越而过，由此得名。摩西让所有的人吃了烤羊肉、苦菜和未发酵的面包，才逃离了劫难，回归了故里。为了感谢上帝的恩赐，每当这一天来临时，犹太人都要从新回味当时吃过的烤羊肉、苦菜和未发酵的面包，以此唤起全民族人民对逃离埃及那段艰辛旅途的回忆。当然今天心灵手巧的犹太人在节日制作未发酵的面包烤饼时，已加入了鸡蛋、食糖、果仁等配料，吃起来非常可口。

3. 赎罪日

犹太教的节日，大约在每年的10月份，是虔诚的犹太教徒感谢上帝拯救的日子。在这一天，虔诚的人们禁食动物的肉食以及受精的鸡蛋和能够发芽的种子，不吃偶蹄类、反刍类、鸟类动物。

五、其他节日

1. 母亲节

美国的节日，母亲节是对伟大的母亲表达敬意的节日，是由母亲节倡导者美国人安娜发起的。1906年5月9日，安娜的母亲不幸逝世，为了永远追思和感激人世间最伟大的母爱，安娜向美国社会各界呼吁确定母亲节，1914年美国国会通过法律规定每年5月的第二个星期日为母亲节，同年美国总统威尔逊宣布法令实施，悬挂国旗以示庆贺。

2. 父亲节

美国的节日，父亲节的日期是每年6月的第三个星期日。关于它的来历源于一段鲜为人知的感人故事。据说在一个普通的家庭中，当母亲在生下第 6 个孩子后因病离开人世，孩子的父亲要负起养家糊口抚育孩子的责任是多么的艰辛，父亲一手带大了 6 个子女，长大成人的孩子，深深体会到父亲的辛劳，因此和教会的牧师商量，以其父亲的生日订为父亲节，让世人共同感怀父亲的伟大，为了让所有的孩子共同向他们严肃、不易亲近的父亲表达爱意，1972 年以美国总统的名义正式订为国家的节日。

第二节　外国饮食风情

一、亚洲饮食

1. 日本

日本国位于亚洲的东北部，是一个四面环海的岛国，渔业十分发达。俗话说："靠山吃山，靠海吃海。"独特的地理位置，丰富的海洋食品原料，形成了日本人的饮食传统习惯。在日本人的餐桌上最为显著的特征，就是品种各异的海鲜食物，生食、熟食、冷食、热食、大食、小食应有尽有。日本人极为注重原料的新鲜品质，什么季节吃什么样的品种，有着严格的规定。刺身是日本最有代表的菜肴品种，原料主要是新鲜海鲜的食物如鱼、虾、蟹和贝等，经过仔细的加工，切成漂亮的形状，蘸食辣根芥末与酱油调制的味汁食用，吃海鲜美味的刺身还要配食一些有辛香味的蔬菜，比如苏子叶、萝卜丝、黄姜丝、萝卜苗等帮助杀菌和抑制邪味。每年的 3 月至 4 月间正是河豚上市之时，"冒死吃河豚"体现出日本饮食的英勇精神。牛肉、鸡肉、鸡蛋、豆腐、蘑菇、白菜、萝卜、海带、紫菜、牛蒡等，是日本人生活中的传统食物原料。日本火锅、烧烤虽然成为秋冬季最为时尚的饮食象征，但是在现代生活中，白米饭和大酱汤在日本饮食中仍具有深厚根基，几乎每餐必有。在日本人早餐中白米饭、大酱汤、美味的腌渍小菜可谓丰简由人。由米饭衍绎出来的寿司（四喜饭）、盒饭是最为流行的食品。香脆爽口的天福罗，是日本料理中常见的主菜品。荞麦面条依然是人们钟爱的食物。根据地理位置的不同，日本料理总体上可以分为关东料理和关西料理，关西料理有着浓重的乡土文化气息，口味清淡，以京都料理和大阪料理为代表，历史较长影响较大；关东料理有着鲜明的都市时尚风情，口味浓重，以东京料理为代表。怀石料理堪称日本的国技，是最为正统的料理。据说怀石一词，源于日本的寺庙，修行中的僧侣必须遵守清规戒律过午不食，只食早午餐而忍耐不住饥饿和寒冷的僧侣，将加热的石头包于碎布中揣在怀里以抵御饥寒，怀石料理中尤以素食最为典雅，精美别致的器皿与造型巧妙的菜品相映生辉。怀石料理是与茶道一起发展起来的，一般是伴随着茶道而进行，是一种极为隆重的饮食活动。怀石料理的烹调方法一直沿袭古代的传统方法，体现原料的自然本质特征，主要原料是鱼、蔬菜和豆腐，讲究时令节气的变化。每逢喜庆节日之时，红色的食品有着良好的寓意，一定会带来好运，红色的年糕、红色的豆沙和红豆饭成为节日吉祥食物。1 月 1 日是日本最大的节日新年，在新年餐桌上年糕是必备的食物，用木炭火烤食、炸食、煮食、煎食，或者直接包裹红豆沙食用，蔬菜鸡块汤也是新年的主角。1 月 7 日七草节吃的是蔬菜和粥。1 月 15 日成人节吃包裹红豆沙的点心和红豆饭。2 月 3 日立春时节的打鬼节要吃炒黄豆，不能随便吃，一定要多少岁吃多少个；饭店餐馆要撒黄，用黄豆打窗户打鬼驱邪。3月15日～4月15日期间的樱花节，是一个鲜花盛开的时节，人们喜欢食用用樱花黏米制作的粉色年糕。五月初五（农历）端午节吃蒸制的豆沙年糕和粽子。7月20日鳗鱼节，一定吃补身恩物的鳗鱼，烤鳗鱼配米饭的定食是节日中盛行的食物。八月十五日（农历）中秋节，人们喜欢吃甜味实心的球形年糕。12月31日晚上人们习惯吃荞麦面条来结束旧的一年。盛行茶道的东瀛，人们喜欢在晚餐、午餐前双手捧杯饮用清茶一杯，喜欢清淡咸鲜、甜咸适中和酸甜适度的菜品，不喜欢强烈刺激性和奇怪的味道，不喜欢动物的内脏食品，不喜欢羊肉食品，不喜欢辣味较重的食品，不喜欢菊花和用菊花装饰的图案、菜品、餐具。就餐时对使用筷子有特别的礼仪要求，忌用同一双筷子为每一位客人夹菜布菜，忌将筷子插在饭菜的中间，忌舔食筷子，忌用筷子插食菜品，忌在盘碗中来回挑拣菜品，忌拿着筷子不停扫视餐桌上的菜品。

2. 韩国饮食

大韩民国位于亚洲的东北部，是一个依山傍水三面环海的半岛国家，与中国隔海相望，由于地缘的关系，韩国与中国的历史文化一脉相承息息相关，古老的儒教文化已经广泛融入到韩国人的生活之中。每天清晨，韩国人从白米饭、大酱汤和腌制小菜传统饮食中开始了一天的生活，基于农耕文化的缘故，白米饭、大酱汤和腌制小菜依然是现代韩国人饮食生活的根基。泡菜是韩国人日常饮食生活中的阳光，它凝结着韩国人的传统与智慧，从这一古老发酵的蔬菜制品中酝酿出浓厚的韩国泡菜文化，几乎每一个韩国妇女都能亲手制作清脆爽口的泡菜；在韩国任何地方任何季节任何家庭，无不弥漫着泡菜那醇厚的清香；用大白菜、萝卜、黄瓜等蔬菜制作的泡菜多姿多彩，其中由大白菜制作的包裹式泡菜将栗子、大枣、鱿鱼、章鱼、鲍鱼、大虾和松子等统统包裹在一起的豪华泡菜堪称韩国美食一绝。在泡菜中自然少不了葱、姜、蒜、虾酱、辣椒粉这些必不可少的调料。脍炙人口的韩国烤肉，有着豪放般的情趣，具有新时代的文化特色，这主要归功于韩国的畜牧养殖业为韩国提供高品质的牛肉。烤牛肉、烤牛排（多切片后用调料腌制后再烤）、烤猪五花肉是最为多见的经典烧烤食品，在擦有牛油炽热的铁板上经过烤炙后的肉食，再拌以豆瓣酱、辣椒酱或酱油调味汁，用新鲜的生菜、芝麻叶包裹在一起，一口咬下去别有一番滋味。韩国人特别喜爱大蒜，吃韩国烤肉时，具有杀菌调味强身作用的大蒜一定不能少。冷面是韩国最为传统的面食品种，是夏季中的清凉食物，它是以荞麦面为主，配以马铃薯淀粉制成的，适宜冷食，冷面中的汤汁多是牛肉汤，泛着淡淡的辣椒红色，口味酸辣咸鲜微甜，清凉爽口宜人，柔韧光滑，在面食的上方放着配食的水煮鸡蛋、熟肉类、蔬菜将大碗装点的十分丰满。韩国石锅拌饭，独具特色，在滚烫的石锅中，首先放入白米饭，盖上黄豆芽、胡萝卜丝、生菜以及熟牛肉末、鸡蛋、芝麻、紫菜等原料，加上辣椒酱，食用时一同搅拌，吱吱作响，热气腾腾，大有旧石器时代饮食风范。韩国定食是韩国的大餐，韩国定食又称韩国客饭，是由成套菜品组合的餐食服务形式，是由朝鲜时代宫廷膳食服务衍变而成，在定食的前菜中，琳琅满目各式各样的小菜能够摆满整个桌面，除了正宗的泡菜以外，其他食物不加辣椒是典型特征，配菜巧妙丰富多彩，烹调方法以蒸烤煎煮为主，其中用小麦煎饼包裹肉类、蔬菜等原料而食的"九折板"最为著名。此外由肉类、鱼类、蔬菜、蘑菇组成的神仙炉火锅也是一道亮丽的风景线。火锅体现出韩国家庭团聚温暖和睦蒸蒸日上的饮食传统，火锅的品种放入的原料品种不同，以海鲜牛肠火锅最有名，牛肉火锅最普遍，尤其是在天寒地冻的冬季，韩国人极为重视日常膳食的滋补功效，火锅中的鲜汤甚至选用高丽人参等多种草药与牛骨、大枣、海鲜原料一同熬制，具有强身健体延年益寿作用。绿豆煎饼又叫葱煎饼，也是韩国餐桌上的传统面食，主要以绿豆及米粉为主料，加上海鲜原料煎成大而圆的饼状，蘸食酱油一起食用，百吃不厌，芳香溢齿。韩果源于古代的祭祀供品，是韩国人在婚礼宴席上和饮茶时食用的传统点心，用面粉或糯米粉配以蜂蜜、麦芽糖、姜糖制成，美妙可口。海洋渔业资源丰富的韩国，生鱼片的吃法不像日本那样清淡，韩国人的口味要比日本人重的多，一般是蘸食辣椒酱或黄豆酱，用生菜包裹着一起吃。韩国重要的节日：元旦（公历1月1日）、春节（农历正月初一）期间的传统节日食品是煎海鲜饼、白年糕汤、打糕。佛诞节（农历四月初八）、制宪节（公历7月17日）、光复节（公历8月15日）、秋夕（农历八月十五日）期间的传统节日食品是带馅的年糕。韩国人不喜欢吃羊肉、香菜、味苦的蔬菜、油大肥腻的菜肴，不喜欢麻味。在日常生活中除了西式的面包和蛋糕，一般不吃其他发面的蒸制食物。进餐时的礼节是非常重要的，吃米饭时不要端在手上，而是放在桌子上，用勺子盛着吃；筷子则是吃菜时的专用工具，吃任何东西不要出声，咀嚼时不要张嘴，吃饭前一定要由长辈先动筷子为敬，双手接递食物及餐具，在长辈面前饮茶、喝酒要双手捧杯侧身饮用以示尊敬之意。韩国人喜爱饮用由炒制大麦熬煮的水，他们称之为大麦茶。

3. 泰国饮食

泰国位于亚洲中南半鸟，94%的人信仰佛教，其他人则信奉伊斯兰教、天主教、印度教，国花是睡莲，国树是桂花树，热带雨林气候造就了泰国的独特饮食物产。在泰国北部，水稻是重要的农作物；鸡和猪养殖业发达；热带水果的品种最为丰富，每年3～11月是盛产水果的季节；泰国是世界上最大的大米出口国，泰国细眉香米是泰国特有的香米物种，香米是人们的主要食物。三面环海的泰国南部盛产鱼虾蟹贝；泰国是世界人工养殖对虾出口的大国；在马来半岛东侧的宋卡地区还出产珍贵的燕窝。泰国北部山高路险森林茂密，出产许多森林食物产品，比如竹笋、昆虫和牛蛙等。泰国人的熟食行业特别繁荣，从米饭到菜肴什么都有成品出售，由于多用塑料袋盛装，又被叫做胶食。泰国人特别喜欢腥鲜酸辣刺激性强烈的味道，鱼露、咖喱、辣椒、白醋、虾酱是用途最广的调料。几乎咸鲜口味的菜品都要用鱼露调理味道。任何餐桌上都有辣椒的踪影，甚至在吃水果时也喜欢用辣椒粉和糖调理滋味。不喜欢偏甜的菜品，不喜欢在烹制菜品中加糖和深色酱油，不喜欢海参和红烧的菜品。泰国火锅是该国特色，炎热的气候也不能阻挡泰国人吃火锅的热情。特别喜欢使用名叫塔奥奇澳的酱料调味。泰国人爱吃的是咖喱饭、酸辣汤、冬阴功汤、鱼辣汤、粉蒸糯米粽、卡侬金米线、甲亚萨、糯米大蒜香肠等。冬阴功汤是用鱼露、柠檬汁、糖、香草、鸡汤一起熬制的，具有甜酸咸鲜的味道；酸辣汤是用鱼块蘸着干辣椒、蒜、虾酱、酸角、鱼露配置的调料，辣酸咸略有甜味；鱼辣汤是用鱼块、辣椒、椰子、虾酱、姜、香茅草、罗望子和水一同熬制的，有酸辣咸鲜的味道。常常将鸡、牛蛙、鸭、虾、茄子和竹笋煮着吃。卡侬金米线是传统的食物，是在圆形的米粉上浇上辣汤一起吃。粉蒸糯米粽是用芭蕉叶将糯米、椰浆、粉蕉、糖、盐包成的长方形粽子。甲亚萨是泰国人秋日节中相互馈赠的甜食，是用糯米花、芝麻、花生、糖一起熬制而成的，酥脆香甜，美味可口。被誉为千佛之国的泰国，人们普遍信奉佛教，由于宗教信仰的原因，到处都能看到身披黄袍的僧侣化缘食物，因为僧侣的食物完全依赖人们，虔诚的人们在街道旁准备好食物进行布施。泰国绝对忌食牛肉，明令禁食狗肉、猫肉和野生动物，烈性酒绝对没有，冰红茶、冰果汁是餐中主要的饮品。在泰国的餐厅、家庭就餐时一般不设桌椅，都是席地而坐，可以使用叉勺就餐，忌用左手接递传送食物器皿。泰国的节日都与佛教有着密切的关系，主要有佛教新年、泼水节、佛光节。孔雀象征着幸福吉祥如意，大象象征着纯朴憨厚。重要的节日有元旦，为公历 1 月 1 日；马哈布查节又叫万佛节，为阴历三月十五日（闰年则是阴历四月十五日）；最为隆重的是宋干节又叫泼水节，为阴历四月十三日至十五日，届时清晨人们手捧鲜花和食物到佛寺听经，在佛寺中僧侣用树枝蘸着法水撒到人们的头上，以此祝福吉祥如意、五谷丰登；佛诞节为阴历六月十五日，虔诚的人们要到寺庙中拜佛施斋；国庆节为公历 12 月 5 日；水灯节是农民敬谢河神、喜庆丰收、祈求风调雨顺的节日，届时人们要盛装来到江河湖边观看水灯。

4. 印度饮食

位于南亚的印度，是一个由多民族组成的大国，主要宗教有印度教、伊斯兰教、锡克教、佛教、基督教。印度教、佛教把牛视为尊贵的神明，赋予神牛崇高的地位，因此在人们的餐桌上，以及国际快餐店中都没有牛肉汉堡包和用牛肉做成的美味佳肴。蛇是神圣庙宇的保护神也不能杀戮，更不能吃蛇肉。信奉伊斯兰教的人们，在饮食方面则严格保持着伊斯兰的教规，不食猪肉、驴肉、马肉、狗肉、鳗鱼、圆鱼、牛蛙、螃蟹等，因此印度人在饮食方面的食物原料主要是小麦、乳品、禽蛋、蔬菜。在宗教文化交叉影响下，素食主义者很多，他们相信素食不仅可以强身健体而且能够净化心灵。人们在正式场合用刀叉进餐。在家庭中和街头巷尾的餐馆里仍保持着手抓进食的传统习俗。印度人在口味方面喜爱辛辣刺激浓重的味道，尤其擅长使用咖喱进行调味。特别爱吃一种用洋葱炸成的春卷食物，以及黄豆汤、烤羊肉串、腌泡鸡肉，最受欢迎的就是一种名叫“坦杜理”的食物，将鸡肉用许多香料经过腌制后，放在炉子里烤炙成熟，恰到好处美妙无比。无论是米饭还是面饼都喜欢蘸食咖喱。南部人喜欢米饭，北部人喜欢吃薄饼、炸面包。印度人爱吃甜品，尤其是用奶制成的甜品较多。虔诚的印度人一般不喝酒及含有酒精的饮料，印度人喝红茶的同时加些牛奶。印度的饼有很多，但是能够在厨师手上飞舞的飞饼最著名，薄如蝉翼晶莹剔透的飞饼，口味类型有甜有咸、有荤有素。

二、欧洲饮食

1. 法国饮食

法兰西共和国位于欧洲大陆的西部，法国是欧共体最大的农牧渔业生产国家，造就了丰富多彩的食物资源，人杰地灵物宝天华，天时地利人和，无疑为法兰西共和国的饮食文化积淀了深厚的物质文化基础。在法国由于各地区地理位置的不同，形成了不同的物产分布，独特的物产又形成了不同的饮食文化。法国人有着严肃的治餐态度，在饮食方面作风严谨，绝不凑合，不完美的食物不食，他们坚信发明一道美食远比发现一个星球、一顿晚餐远比一首诗的价值更高，烹饪是文明的无名先锋。在法国流传着这样一个故事，一个名叫泰勒的贵族，1671 年他在城堡里宴请法国路易 14 国王的过程中，因为主菜烤肉和鱼没有令国王满意，他羞于在世当即拔刀自刎。法国历代的厨师们对于烹饪事业一丝不苟，孜孜以求，用他们的辛勤与智慧，用他们非凡的想像力和极富艺术性的创意，创造出登峰造极的世界美食。今日法国人的日常饮食不仅成为维系着法兰西人民文化生活的纽带，也成为法国社会经济文化最为重要的国家象征。充满魅力的法国菜肴，以其浓重鲜明严谨的艺术个性给人以视觉、味觉、嗅觉的强烈震撼，得到世人的称赞并广为流传，成为西方饮食文化中最为亮丽的风景线。在发酵饮食总体方面，著名化学微生物学家的巴斯德，为法国塑造了崭新的饮食天地，由微生物创造的经典食物是法国最为明显的代表，如面包、葡萄酒、奶酪、黑块菌、鱼子酱等。面包是法国人饮食生活的根基，奶酪是法国人饮食生活中最灿烂的阳光，葡萄酒是法国人饮食生活的精髓，黑块菌是法国人饮食生活的高贵象征。在就餐的时间和内容方面，法国人早餐时间一般为7点至9点。早餐中的主要内容是红茶、咖啡、可可、牛奶、酸奶、果汁、果酱、黄油、长棍面包、牛角面包。午餐时间一般为12点至13点，对于工作和学习的人来说，匆忙短暂的午间，快餐中加有片状西红柿、奶酪和生菜等法国长棍面包，以及比萨饼、三明治、汉堡包、热狗等食物成为饮食的热点。晚餐时间一般为20点至22点，隆重豪华的法式大餐甚至在21点开始举行，时间长达三四个小时直至深夜，晚餐可以使人们尽情感受生活的美好时光。在正式的法餐宴会活动中，落座之前先要食用餐前小吃，饮用开胃酒，面包、黄油是餐桌上必不可少的食物。落座进餐首先是冷头盘，也叫冷菜或头盘，品种一般是用蔬菜、火腿、香肠、烟熏三文鱼、鸭胗、海鲜原料等配以各种味型沙拉汁的冷食菜肴，伴以干白葡萄酒；接下来就是汤羹，品种有用不同原料制成的各种浓汤或清汤等，有冷、热、荤、素。汤营养美味，其主要作用是为了配食面包解决温饱。喝汤是秋冬寒冷季节中的传统习惯，春夏季节由各种冰水、矿泉水取代了汤的位置。接下来上主菜，主菜又叫大菜，一般情况只有一道至两道，如果是两道的话，头道主菜也可称为热头盘，一般选用海鲜主料制成的清淡鲜美的热食菜肴；第二道主菜一般是选用禽类、肉类主料制成的味道醇厚的热食菜肴，原料品种有鱼、虾、蟹、贝，牛肉、牛排、羊排、小牛肉、牛肚、小牛胸腺、鸭肝、鸭胗、鸡肉、猪肉、肉肠、蜗牛等。一般红色牛、猪、野味肉类配红葡萄酒，白色的鱼虾蟹贝配白葡萄酒，比如普罗旺斯烤蜗牛、乡村式洋葱浓汤、海鲜奶油汤、烤牛排、煎牛扒、烤小牛肉、波而多红酒烤鸡等。吃主菜时应该慢慢品尝滋味，只有当同桌最后一个人吃完后才会上下一道菜，要耐心等待。大菜之后紧接着就是奶酪和蔬菜。奶酪最好要有两个品种以上供人选择，奶酪是法餐典型的标志，一般配干红葡萄酒。甜食到来意味着良好美食的结束，精美的甜品有冷有热，主要是以面粉、奶制品、巧克力制品以及水果等为原料制作而成的糕饼甜点和冰点美食，食品中蕴含着甜美醇厚的味道。典雅精美的盘饰以及梦幻般的色彩和造型，犹如歌剧之中的咏叹调给人以永久美好的回忆，从中也能让你领略到法国绘画、雕塑中浪漫典雅的艺术风格在饮食生活中的具体再现。在菜肴的调理方面，调味汁少司是菜肴的灵魂，一点都不能少，菜肴一定要配有特殊的呈流体状的汁酱才是完美的结合，不同的菜肴应该配备不同的汁酱，这样才能显示出不同的个性，绝对不能凑合对付。善于创造嗅觉艺术的法国人，尤其注重对菜肴香味的调理，除了大蒜、细香葱、欧芹（法香菜、洋香菜）之外，习惯使用具有特殊香型的各种天然植物香料调味是法国菜的一大特色，如百里香、迷你香、西子、它它根（鼠尾草）等，什么主料用什么香料有着严格的天地君臣清规戒律之分。法国人习惯在就餐中配以适宜佐餐用的美酒，佐餐用的果类美酒一般是由葡萄、苹果、香橙、樱桃为原料制作的酿造酒或蒸馏酒。但是法国人在进餐时不喝啤酒、饮料。用花卉装饰点缀菜肴时要慎重行事，不要使用菊花、杜鹃花，以及其他黄色的花卉，不要使用纸花，不要用核桃和仙鹤、孔雀图案，法国人不喜欢吃刺多的淡水鱼，绝对不食猫肉、狗肉，不喜欢辣味以及味重的菜肴。不喜欢摇晃酒杯，不喜欢一口将酒喝干。上菜撤盘、酒水服务都是从食客身体的右侧，只有面包是从客人的左侧服务。

2. 意大利饮食

意大利共和国位于欧洲的南部亚平宁半岛，古老文明的罗马文化、欧洲文艺复兴文化为意大利的饮食增添了深厚凝重的生活艺术魅力。意大利饮食既华丽、高雅、娴静又豪放热情、浪漫不羁、标新立异、带着野性的质朴，不饰雕琢的自然之美，不拘一格，是西方国家形成最早的风味流派，对英法菜影响很大。早在13世纪，意大利著名的旅行家马可波罗，在世界东方元朝的大都生活了7年之久，他将东方的饮食文化中的面食，最早传播到西方意大利，使意大利在面食品种的制作方面，融进了东方文化的理念，形成了今日意大利面食独特的风格特色，丰富多彩的面食为意大利的饮食赢得了极高的赞誉。意大利的餐馆是人们谈天说地、消磨时光、调剂身心的社会场所。地中海的太阳为意大利带来了丰富的食物，如海鲜鱼虾蟹贝、葡萄美酒、牛肉、猪肉、羊肉、火腿、肉肠、鸡肉、奶酪、西红柿、橄榄油、橄榄、香料、著名的火腿和色拉米香肠等。意大利人特别喜欢用橄榄油、西红柿酱、香草来调理菜品的口味，注重咸鲜酸辣，喜欢味道浓重，原汁原味，喜欢红色的汁酱，尤其是番茄酱无所不用，不喜欢油腻动物的内脏食物。餐馆文化气息非常浓烈。意大利著名的代表食物有墨西拿的剑鱼、地中海的狼鲈鱼、撒丁岛烤乳猪、帕尔玛生火腿、佛罗伦萨烤牛排和烤鱼、米兰式煎猪排、米兰利索托米饭、比萨饼、罗马式魔鬼烤鸡、西西里的甜点。意大利人不喜欢餐桌上的黄色菊花。

3. 西班牙饮食

西班牙王国位于欧洲的西南部伊比利亚半鸟，是一个充满阳光和海滩的旅游大国，蓝色的大海造就了极为丰富的海鲜原料品种，大西洋和地中海的沿岸，盛产着大量的鱼虾蟹贝，灿烂的阳光孕育了橄榄、辣椒和蔬菜等农作物和橄榄油，茂盛的草原盛产着成群的牛羊。在西班牙首推的便是海鲜食物，西班牙三面环海，得天独厚的渔业资源一年四季充斥着市场和餐桌，金枪鱼、比目鱼、鲑鱼、鳟鱼、虾、蟹、贝类应有尽有，但是讲究的还是活食，马德里人喜欢用煮和烤的方法吃海鲜食物，著名的巴斯克风格盐包烤鱼，是用盐腌制后，用锡纸包裹后烤制成熟的。炒鳗鱼苗类似炒银鱼。西班牙人早餐喜欢吃麦片、玉米片、高乐高兑着牛奶就着面包一起食用。西班牙的晚餐是名副其实的真正晚餐，正式晚餐往往在晚上9点开始。在菜肴的口味上注重咸鲜辛辣，味道醇厚自然，日常中的食品有周达海鲜汤、海鲜炒饭、烤鱼、烤虾、烤猪肉、烤乳猪、烤羊肉、焖兔肉、焖火鸡、面条、米饭、沙拉等。西班牙的饮食就像西班牙的斗牛和舞蹈一样热烈洒脱、豪爽奔放。斗牛之乡不仅以斗牛而著名，烤牛肉也同样四海闻名，尤其是巴斯克风味的烤肉更是热情豪放。西班牙最著名的食物哈蒙其实就是生煎火腿，火腿的身价在人们的心目中很高，哈蒙火腿是选用上等的猪后腿，经腌制和慢慢地低温烘烤熏制加工而成，诱人的紫红色泽，鲜美细嫩，芳香可口，专供生食，人人爱吃，越吃越上瘾。“托尔大”是一道雅俗共赏的食物，无论是平民百姓还是王公贵族，大餐小吃都能见到它的踪迹，“托尔大”其实是由切碎的土豆与鸡蛋液一起用黄油煎制而成。“巧里索”就是经过生熏风干脱水的牛肉肠。西班牙人喜欢蒸吃烤食，特别喜欢在露天户外野炊烧烤食用。正式晚餐后的甜品必须要有，吃晚甜品最习惯的便是喝咖啡。西班牙盛产大量的葡萄美酒，尤以雪利酒闻名于世，为西班牙饮食增添了浪漫的色彩。6月下旬的圣约翰节和圣彼得节，7月15日的卡尔曼圣母节，是西班牙重要的节日。

4. 俄罗斯饮食

俄罗斯联邦位于欧洲和亚洲的北部。俄罗斯饮食在其形成的历史过程中，尤其是沙皇时代由于上层社会贵族人士十分崇拜法国文化，借鉴了许多西欧法国、意大利饮食的优良传统特点，根据俄罗斯民族的饮食习惯和物产文化，创造性地塑造出俄罗斯的饮食新文化。俄罗斯是一个地域辽阔的大国，丰美的牧草，低矮平缓的丘陵，使俄罗斯成为世界性的奶业大国，牛奶、奶酪、奶油、酸奶产量较大，使用奶制品烹调菜品是俄式菜品的一大特点。俄罗斯盛产莜麦，黑色的面包是俄罗斯民族的最为传统的食物，洁白的食盐象征着纯洁、友好、尊贵，在重大的礼仪活动中，俄罗斯姑娘盛装托盘将面包和食盐敬献给老人、父母、长辈以示至尊。鱼子酱是俄罗斯饮食文化的特征，是高贵的饮食象征，一般是将鱼子酱放在面包上一起食用。由于气候寒冷，俄罗斯出产土豆、洋葱、胡萝卜、紫菜头、蔓菁、圆白菜等。由于俄罗斯地处寒冷地区，人身体需要的热量很大，因此在俄式菜品中不仅用油量较大，而且口味较厚重，注重咸酸浓香，不怕油腻，注重软烂浓稠，落落大方，朴实无华。俄罗斯人最喜爱吃的是冷酸鱼、鱼子酱、酸黄瓜、泡菜、俄罗斯红菜汤、高加索牛肉。俄罗斯饮食跟自然气候有着很多的联系，热汤是俄罗斯饮食的重要组成，因为汤可以驱走寒冷带来温暖，可以帮助进食面包增进营养。俄罗斯饮食中的冷食也是一个特点，即使是在冰天雪地的冬季，人们照样在饭后吃冰激凌甜品和冰点美食。上菜撤盘、酒水服务都是从食客身体的右侧进行，只有面包是从客人的左侧服务。

5. 德国饮食

德意志联邦共和国位于欧洲的中部。酒在德国人的生活中占有崇高的地位，德国出产的白葡萄酒及加气葡萄酒和葡萄冰酒非常著名，都是佐餐休闲的美酒。啤酒则是德国人最为青睐的休闲酒精饮品，德国被誉为啤酒花之国。每年 9 月的最后一周至 10 月的第一周在慕尼黑都要举行盛大的啤酒节，啤酒节的活动起源于 100 多年以前的一次婚礼，原来为了使遭受黑死病劫难的慕尼黑城恢复昔日的繁荣，1810 年 10 月 10 日德国皇储卢路亲王与邻邦公主结婚的庆祝仪式就定在慕尼黑举行，用啤酒狂欢节的形式庆祝婚礼，年复一年演变成德国每年一度的大型节日。啤酒节同样也是德国人庆祝丰收的重大节日。德国人在饮食方面有着明显的特色，那就是极强的肉食性饮食，德国人非常喜欢吃猪肉，以及由猪肉制作的各式各样的肉肠、火腿、咸肉，甚至吃面包时都喜欢涂抹香味浓重的猪油，烧煎煮焖，烹调方法简单实用。口味上喜爱咸香酸甜，吃猪肉时特别喜欢配食焖制软烂的酸白菜，以解猪肉油大肥腻之感，德国式烤猪腿配酸菜、酸菜焖猪肠、烤香肠配芥末酱、黑椒烤咸猪腿是最典型的德国风格。除了猪肉之外，牛肉是最为重要的肉食品种，著名的巴伐利亚牛扒，面包加煎牛肉馅饼的汉堡包，是德国人对快餐的一大贡献。然而德国人特别喜欢生吞活剥，用洋葱调料拌着生鲜牛肉像中国小葱拌豆腐一样吃。德国人喜欢吃土豆，炸的、烤的、炒的、煮的，样样都行，甚至土豆泥、土豆丝煎饼等，土豆是德国人饮食中的一大主食。饭后甜品一定要有，因为甜品是饮食中最完美的象征，德国人不喜欢吃鱼，尤其是刺较多的淡水鱼。忌食核桃，不喜欢茶色和深红色。

6. 英国饮食

大不列颠及北爱尔兰联合王国位于欧洲西部大西洋的大不列颠岛上。英国人极为重视的是正式餐饮中的礼仪，要求尊重与被尊重。在有着绅士风度的男人中间女士优先在整个餐饮中得到充分的体现，男人应当主动为女士开门、拉椅让座、点菜、倒酒、布菜、食用、结束等，一切都围绕着女士优先的宗旨。由于英伦三岛的天然牧场养育了世界优质的肉用牛羊品种，使英国饮食在国际上享有一定的威望。英格兰式煎牛扒、英格兰烤皇冠牛排、煎羊排配薄荷汁是英国美食的代表。甜品主要有各种冰激凌、水果派、核桃酥饼、果冻布丁、牛奶布丁等。英国人的早餐比较丰盛，主要品种有燕麦片牛奶粥、面包片、煎鸡蛋（单面煎）、水煮蛋、煎咸肉、黄油、果酱、威夫饼、火腿片、香肠、红茶等。在床上享用被窝茶是绅士贵族们生活的一部分。午餐较为简单，以快餐为主，主要有三明治、汉堡包、热狗、比萨饼、蔬菜沙拉、冰激凌、奶酪、水果、面条等。当今午后茶在英国十分流行，它的形成受到东方中国文化的深远影响，中世纪的中国十分强大，由于陶瓷和茶叶贸易使中国文化广泛地传播到欧洲的贵族社会，使用中国瓷器饮用中国茶，成为贵族生活的一部分，由于海上运输的周期长、温度高，茶叶发酵变成了红茶，长此以往英国人渐渐爱上了红茶，午后茶一般在下午 3 点钟至 4 点钟，由于现代生活频率加快，而中午的简单餐食并不能够保证充足的营养，下午 3 点人们会因为工作学习而疲劳困乏，因此喝点红茶以解除疲乏。英国人在喝茶时喜欢添加牛奶和糖，配食一些茶点饼干的饮食习惯便流传了下来。当然在欧洲其他国家的这个时间，人们也在喝咖啡吃小点心。晚餐是最为重要的饮食活动。正式的晚宴中，菜点是成套的服务，晚餐结束后，英国人从来不会忘记喝上一杯红茶。上菜撤盘都是从食客身体的左侧服务，只有酒水是从客人的右侧服务。

三、美洲饮食

1. 美国饮食

美利坚合众国位于北美洲，饮食文化受到早期欧洲移民的影响较深，英式、法式、意式的饮食传统文化较为明显，其中糅合了印第安人的饮食传统。近些年来中国式饮食文化也对其有一定的影响力。感恩节是美国家庭的重要节日。感恩节源于欧洲移民得到印第安人搭救的缘故。传统食物是烤火鸡、玉米面布丁（印第安布丁）、蛋糕甜品。万圣节的节日食物是南瓜馅饼，节日期间喜欢郊外野餐。圣诞节中的美食有烤火鸡配酸果酱、圣诞布丁、姜包、色拉米香肠、圣诞酒、圣诞蛋糕、圣诞巧克力、圣诞面包、圣诞饼干等。在口味上注重咸鲜香辣甜，清淡适度，原汁原味。甜食是美国人最为喜爱的食物，咸中带甜的食物或配有水果的食物也非常喜欢，喜欢油炸的芳香酥脆食物。玉米是美国大宗的农业物产，人们喜欢烤食、煮食、奶油烩食嫩玉米。烘豆是美国人喜爱的豆类食物，方便快捷味美。牛肉是美国最大的畜产品，烤牛排、煎牛扒是较为多见的肉食品种，尤其以德克萨斯牛排最为有名。美国人喜欢简捷随意实惠的饮食，决不会浪费半点食物，不喜欢大鱼大肉七盘八碗，不喜欢山珍海味暴殄天物，不喜欢动物的外皮、内脏、下货做成的菜品，不喜欢带刺、带骨的食物。随着工业技术在现代食品工业中的推广，20 世纪中叶，现代国际快餐在美国迅速崛起，并很快发展成为跨越不同国界，跨越不同政治经济制度的饮食服务业，深深影响了人们传统的饮食观念。

2. 墨西哥饮食

墨西哥合众国位于北美洲的南部。在墨西哥人的心目中，他们当今的烹饪艺术就是美洲文化的代表，墨西哥饮食文化继承了印第安古老的文化精髓，吸取了西班牙、法国、葡萄牙和意大利移民文化的影响，在美洲独树一帜。墨西哥是古代印第安人的居住地，在这块土地上，古代的印第安人创造了光辉灿烂的文明。他们为全世界培育出了辣椒、玉米、西红柿、土豆、可可、鳄梨、甘薯、南瓜、花生、香子兰等许多农业作物；驯化了大型禽类—火鸡。而欧洲移民为墨西哥带去了牛、小麦和稻米。玛雅文化和阿兹特克创造了玉米的文明，在玉米的故乡，墨西哥人的饮食中，玉米是最为重要的食粮，墨西哥人日常喜爱的就是玉米，如名叫“托尔蒂利亚斯”的玉米卷饼，名叫“布里托”和“塔科斯”的玉米馅饼，名叫“恩奇拉达”的炸玉米盒子，名叫“凯撒迪亚”的煎玉米饺子，名叫“索佩”的玉米甜食，名叫“波莱亚达”的玉米稀饭，名叫“阿托雷”的玉米粽子，以及用玉米薄饼夹着蔬菜、肉食、辣椒汁一起食用的一种食物。在墨西哥的汤羹中除了鸡清汤、奶油汤、牛肉汤、骨髓汤之外，还有一种名叫鲍索莱斯汤，它是用剁碎的猪蹄、肘子、下水与玉米粒炖制而成的，吃的时候加上生菜丝、水萝卜丝、洋葱丝。被誉为仙人掌之国的墨西哥，硕大肥嫩的仙人掌叶茎是天然美妙的蔬菜。墨西哥人特别喜欢辛辣味重的食物，辣椒是墨西哥人生活中不可缺少的调料，红红的辣辣的墨西哥菜肴，对于不能吃辣的人来说，能够使人有腾云驾雾、七窍生烟的真正辣感。高蛋白、低脂肪、矿物质含量高的昆虫食物在墨西哥有着很大的市场，像蚂蚁卵、蚂蚁、蝗虫、蝴蝶、蜜蜂、苍蝇卵、蚂蚱、蟋蟀、蟑螂、螳螂等，都是昆虫美食的天然原料。

3. 阿根廷饮食

阿根廷位于美洲的南部，是一个阳光灿烂、牧草茂盛的畜牧大国。宽广的草原盛产着肥壮的牛羊，大块吃肉是阿根廷人典型的生活特征。注重咸鲜辛辣，味道醇厚自然。肉食主要是烤炙品种，比如烤牛肉、烤猪肉、烤乳猪、烤羊肉等。名叫“阿沙度”的食物就是阿根廷最大的烤肉，它是将初步加工整理的牛肉，剔掉主要骨骼、带着牛皮整个放在支架上熏烤十几个小时制成的。名叫普士鲁斯的食物是一种用南瓜、玉米、肉块、土豆一起煮制的食物。

第八章 餐饮市场的营销

有了消费需求，有了经济基础，也就自然而然有了市场，市场不仅需要不断地探寻开发，而且更需要积极维护培育。其实餐饮企业中餐厅本身就是一个市场，餐饮市场的营销随着市场经济的不断发展，渐渐成为产品流通渠道的重要环节。在某种意义上成功的营销才能使生产的产品转化为商品，餐饮市场的营销不是简单地作广告销售产品服务，营销本身就有着深刻的内涵。市场营销就是餐饮企业经营管理人员，为了实现企业经营计划的总体目标，针对餐饮市场有组织有计划开展的市场调查、市场预测、产品设计、价格制定、市场开发、品牌促销、产品销售服务等一系列具体活动。而市场营销运转围绕的中心就是潜在的顾客。

第一节 餐饮市场调查

餐饮市场调查就是指餐饮企业经营管理人员，在进行目标决策之前，通过不同的活动方法，系统地搜集、整理、分析目标餐饮市场中有关情况而开展的活动。

一、餐饮市场需求

1. 需求的种类

研究餐饮市场首先就是研究消费者的消费需求，美国心理学家马斯洛将人的需求概括地分为生理需求、安全需求、社交需求、尊重需求、自我实现的需求。在人们的需求中，生理需求主要体现在安全、健康、营养、口味等方面；心理需求主要体现在物有所值、受到欢迎、被人尊重、实现自我、联结友谊、饮食审美等方面。餐饮企业只有提供对路的产品服务，才能满足消费者的综合消费需求。然而直接影响需求的就是餐饮产品服务质量，也就是菜点质量（数量、品种、颜色、口味、卫生、形态、营养、温度、文化）和餐饮服务质量（服务礼节、技能、效率、态度、项目），其次才是产品价格、就餐环境、舒适程度等。

2. 市场调查的方法

调查的方法主要以市场中的顾客为中心，具体方法有问卷调查法、讯问调查法、观察调查法、试验调查法、资料调查法。

3. 市场调查的内容

市场调查的内容主要集中在市场中的顾客、竞争对手的实力和自我经营生产的实力。市场调查的信息内容，其准确性、全面性和及时性决定着经营决策的正确与否。在顾客的需求方面要细心研究需求的类型、需求的变化、需求潜在程度等。

二、餐饮市场的预测

餐饮市场预测就是指餐饮企业经营管理人员，通过对一系列调查资料信息的统计整理分析，对未来一段时期餐饮市场的发展趋势、状况作出的科学评估判断。预测是制定企业未来经营发展目标计划的基础。

1. 预测的类型

根据预测的范围可以分为宏观预测和微观预测；根据预测的时期长短可以分为长期预测、中期和短期预测；根据预测的市场距离可以分为周边市场预测和中远距离市场预测；根据预测的方式可以分为统计预测和判断预测；根据预测的范围可以分为宏观预测和微观预测。

2. 预测的方法

餐饮市场的预测不是凭空想像主管臆造，它是根据科学的数学方法进行的。由于未来充满着许多未知因素，因此预测具有一定的随机性、风险性和迷惑性，它直接关系着企业的经营决策的成败。预测的方法主要归纳为定量预测和定性预测，定性预测主要有经验判断法、集合意见法、调查分析法、专家调查法、主管分析法等，定量预测主要有算术平均法、移动平均法、百分比例法、最小平方法、函数分析法等。

3. 预测的内容

预测的内容主要有消费者的需求变化程度，产品的开发、生产、销售、服务能力，市场竞争能力，成本费用投入，经济效益，社会效益，设备设施的使用率等。

第二节　餐饮市场营销组合

一、餐饮市场营销的形式

1. 产品策略

任何产品都有它的生命周期，产品和服务是没有永恒不变的，只会有更好而没有最好。任何一种产品都有它产生的时代背景，为了满足人们的需求而生产，随着顾客消费需求的衰落而减低，根据市场需求的变化，可以将产品生命周期概括地分为导入期、成长期、成熟期和衰退期。产品是企业竞争的主体，产品的质量是企业的生命，餐饮企业应当根据市场的发展变化，及时进行市场定位，针对目标消费市场，明确制定产品的规格档次。在饮食产品方面，根据产品的形态可以分为有形产品和无形产品，也可以分为物质产品和文化产品。创新是一个永恒的主题，我们处在一个崇尚创新和发明的时代，饮食服务同样需要有非凡的创造性，不断开发创新产品，就是要符合消费的时尚需求，在菜品方面不断发展提高品种质量。在产品市场的竞争过程中，要采取质量与价格相组合的方法开发市场；在市场定位时要结合市场的开发进行适当的组合，在高质高价产品、高质低价产品、低质低价产品、低质高价产品方面进行合理定位。产品的开发要依托先进的科学技术设备条件，依托文化艺术知识，同时要控制好成本费用。

2. 价格策略

价格策略是企业竞争的依据，在产品的价格制定方面，要严格遵守国家的价格法、企业竞争法，避免不正当竞争和牟取暴利欺诈消费者的非法经营，要考虑成本、费用和利润的关系。定价的方法主要有心理定价法、折扣定价法、渗透定价法。心理定价法中有尾数定价法、整数定价法和声望定价法，尾数定价表现的小数位多是吉祥数字，比如16.8元、19.8元、9.8元；整数定价个位数字也是多表现为吉祥数字，比如18元、26元、66元、88元、168元；声望定价就是利用自己的社会品牌的价值为依托，可以适当提高自己的产品价格。折扣定价法有数量折扣、季节折扣，不断提高产品质量在价格不变的情况下就是最好的折扣。渗透定价法就是高成本、低价格、高质量，通过较高的销量树立产品优质的形象。餐饮产品的价格主要表现形式有市场零售价、团队批发价、季节优惠价、淡季价、旺季价，不论价格怎样波动，都应当遵循国家价格法规定的法则。

3. 服务策略

服务策略是企业竞争的灵魂，服务的礼节、服务的形式、服务的气质、服务的技能、服务的态度、服务的言语和表情，在与顾客接触过程之间所形成的服务，就是一种无形的产品，每一点每一滴都关系着顾客对总体产品质量的总体评价。服务人员与顾客之间接触过程中的完善服务，表达的友好、尊重、礼仪和真情，这本身就是一种产品，就是最直接的促销，把营销融入日常的服务之中，是最有价值最为经济的营销。

二、餐饮市场的促销宣传

1. 促销

促销就是为了有效地控制需求，促进产品服务交易的成功进行，向市场传递信息。促销策略是企业竞争的手段，促销的目的就是向顾客介绍企业和提供产品服务信息，诱发顾客产生消费需求动机，扩大产品的销售能力，拓宽市场空间的占有份额。促销产品的根本是在促销企业的品牌形象，这不仅会带来有形的产品价值，还会创造品牌无形资产的价值。促销的基本要求：要善于把握住时机，要跨越宗教、文化、时空、语言、习惯的隔阂，要明确重点、突出主题，要有详细的策划和实施计划，要有长远的经济意识。

2. 促销的形式

根据内外形式不同，促销有内部促销和外部促销，直接促销和间接促销。在餐饮产品服务方面，外部促销主要是进一步开发潜在市场，内部促销则是进一步培育市场，内部促销更具有实际意义。促销的方法有很多形式，要根据市场需求的规模、变化、类型等选择好切入点，比如具体的促销方法有大众传媒广告促销（报纸、杂志平面文字广告、一类影视广告、二类影视广告）、户外广告（路牌广告、灯箱广告、交通工具广告）、菜单促销、菜品展示促销、节假日促销、环境促销、服务促销。服务促销的要点：重视口碑的宣传，无需强调什么都有，要有特色菜品，抱怨、投诉处理要及时周全，价廉物美好生财，服务礼节有分寸。广告促销要根据经营发展情况，恰当地选择不同的媒介，以达到良好的促销宣传目的。

第九章　人力资源的开发

企业之间的竞争归根结底就是人才实力的竞争，企业中的人才是通过对人力资源开发过程中得到的，对企业之中的人力资源进行不断开发和综合利用，最大限度地发展人的创造潜力，提高工作效率，其最大的意义就在于对产品进行开发，能否有效地开发和合理地利用人力资源，已经成为关系到企业生死成败的关键问题。

第一节　人力资源管理

一、人力资源管理概述

1. 人力资源

人力资源就是劳动力资源，就是企业为了维持经营服务活动和开发生产销售产品而进行的有一定限度的劳动力储备。在现代企业之中，人力资源的合理储备是企业运行的基础保障，人的能力、思想、动机、行为严重受到外部客观环境的制约和影响，劳动力能否适应企业的经营发展需要，关键问题在于对劳动力的不断开发和有效使用。人力资源的开发要紧密围绕企业经营服务的总体需要进行，通过对劳动力进行适度开发，从中激发人的活力，提高工作效率，培养创造能力，提高满意程度。劳动力就是指人的从事劳动的能力，主要包括人的体力、精力、学习能力、工作能力、适应能力、创造能力、凝聚能力等。

2. 人力资源管理

人力资源管理的总目标就是让员工满意，创造劳动价值。人力资源管理就是对劳动力人事的管理。人力资源管理的具体工作目标就是吸引人才、开发人才、留住人才、使用人才、激励人才。在企业管理之中提高劳动效率，提高产品质量，降低生产管理费用，降低成本费用等，每一项工作都离不开对人力资源的管理。人无远虑，必有近忧，新时代的饭店管理，在人力资源管理中必须加强计划管理，避免管理的盲目性，计划工作应围绕着分析、预测和决策三方面展开进行。第一是进行分析，就是对企业中的人力资源的年龄结构、文化知识水平层次结构、职业技术能力结构、行政管理组织结构、职业工种结构、人员编制结构等，定期进行科学盘点分析，从中及时主动发现问题，不断提出新的问题。第二就是科学地进行预测，对于所面对新问题的发展趋势、过程、结果进行科学预测。第三就是制定决策，确定人力资源开发的目标，确定实施活动的计划方案。第四就是合理有效地组织实施。

3. 人力资源管理的主要任务

人力资源管理的主要任务就是对员工进行选择、培训、任用、评价、激励，然后是再挑选、培训、任用、评价、激励，循环往复螺旋上升，这符合人发展需求的基本原则。

二、餐饮企业中的定员定额

1. 定员定额

编制定员定额是餐饮部门人力资源管理的基本工作，定员定额是在饭店经理授权的情况下，由餐饮、人事、财务部门相互协调共同制定的工作。科学的定员定额有利于提高员工工作的积极性，提高生产效率，防止人浮于事、劳逸不均的弊端，可以合理利用人力，降低管理费用。

2. 定员定额的方法

定员定额的方法没有统一的模式，要根据企业的基本情况作出决定，定员定编有三种方法：

(1) 按规模比率定员定编，就是根据饭店的客房间数与员工人数的比例或餐厅的座位数与员工人数的比率进行定员。

(2) 按劳动效率定员定编，就是根据餐饮部门的计划接待人数和营业额度进行定员。

(3) 按工作岗位定员定编，就是根据餐饮部门设定的实际工作岗位定员定编。

3. 班次的安排

在饭店的餐饮部门之中，由于前店后场式生产服务工作的特殊性质，由于一日三餐的生活定式，因此决定了餐饮班次安排的稳定性、多样性和复杂性，在具体安排过程中要充分考虑到劳动法的规定要求，认真遵守贯彻执行，遵循“闲时少留人，忙时人手足”的班次制定原则，保持良好的机动弹性，保障餐饮经营高峰热卖期间的人力充足，保障员工充分合理的休息假日。常见的班制有半班制、一班制、两班制、三班制、平衡式班制和弹性班制。常见的班次有早班 6 点～14 点，中班 9 点～17 点，晚班 14 点～20 点，两头班 9 点～13 点和 18 点～22点；连班则是工作一天休息一天，通常是有两个班组交替进行，在白天进行交接。工作的班次没有固定的模式，应当根据国家相关的劳动法律和企业中的具体情况精心安排。

第二节 员工的招聘

员工的选择是企业持续经营发展的永久性工作，把握住进人的关卡就取得了一半的成功。

一、招聘

招聘员工是企业人事管理的首要活动，企业员工的招聘是企业获得人力资源的主要方式。员工招聘主要有内部招聘和外部招聘两种形式。内部招聘就是以内部员工为招聘的范围进行招聘，主要适宜管理岗位职能的选人方式，它的优点是能够使饭店的员工成为职位提升、平行平调、轮换工种的候选者，能够为每一位员工提供一次实现自我价值、展现自我才能的机会，公开招聘选拔人才，公平竞争上岗，已经成为现代企业用人制度的重要标志。内部招聘的最大优点其本身就是对员工的一次激励，能够在很大程度方面激发员工积极进取、追求上进的精神，维系员工对企业的忠诚之心和责任之感，有利于应聘的员工很快地开展组织工作；

内部招聘的缺点是容易引起近亲繁殖、裙带关系，没有新意，甚至造成员工之间相互稳定的关系，因为地位、工种的变迁而趋于紧张，容易造成任人惟亲的现象。外部招聘适宜于特殊人才的选择，外部招聘的优点是可以充分利用劳动力人才市场的外来优势，有利于缓和趋于紧张的内部关系，有利于开展创造性工作，能够增添新意；外部招聘的缺点是容易打击员工的积极性，挫伤员工的工作热情。一般自行经营管理的饭店企业在初步建立阶段，基层员工采取外部招聘，管理人员则采取内部招聘方式为主，在快速发展阶段采取外部招聘方式为主。

二、初选

内部候选人的初选比较容易，可以根据饭店人事考评记录的情况进行。外部候选人的初选比较困难，需要通过初步面试过程中的交谈情况、表格填写内容、提交应聘材料，尽可能多地了解对方的兴趣、爱好、观点、见解、性格、职业观念、身体状况等。通过合理的渠道进行确定，淘汰那些不能达到基本要求的候选人，对初选的人则需要进行相应的考试和评估。

三、测试

对于重要职位的员工招聘，测试是公开选拔人才的基本方式，通过测试主要考察具备应聘资格候选人的职业技术能力、人际关系合作能力、分析问题、解决问题的能力。考试的方式主要是通过智力知识测试、竞聘演说与答辩、案例分析与实际能力考试等，全面考察，综合评价。

四、聘用

由于餐饮经营生产服务的特殊性，在饭店中的某些工作岗位对身体条件有着严格的界定，测试之前的候选人，通常需要安排进行必要的身体检查，或持有近期区级以上健康合格证明，通过对候选人材料的核实、测试结果的比较、各种意见的汇总，同意聘用的发放聘书，签订聘用合同。

第三节　员工的培训

培训、培训、再培训，在第三次浪潮中教育终生化已经确定，员工在事业中需要发展，人的发展根本就在于教育，企业中的培训教育要符合现代社会发展的需要，采取现代化培训方式，提高培训效率，分层次大面积渐进式地开展培训教育。烹饪技艺是一项知识性、技术性、科学性、文化性很强的工作，由于餐饮经营发展的需要，在岗位中也需要不断提高文化素质和技术水平，发展员工的潜能，良好的培训教育对员工自己有利，对企业有利，对社会有利。

一、做好培训工作的基本要求

由专人负责组织开展培训，制定好员工的培训工作的年度、季度总体工作计划，要结合实际情况突出重点培训，要把培训与任用、提升、考核、激励结合在一起，及时检查培训情况，选择好培训的时机。

二、培训的对象

培训教育的重点是要选择好培训的对象，一般情况饭店有三种人需要培训，一是为了适应工作岗位熟悉技术业务的新员工，二是可以改进提高目前工作能力的骨干员工，三是具有发展潜力的优秀员工，受训者必须明确学习的目的，必须具有主动性，必须具有一定的能力基础。

三、培训的种类

根据培训时间长短不同有短期培训和长期培训；根据培训形式的不同有业余培训、岗中培训（在职培训）、脱产培训（离职培训）、见习培训；根据对象的不同有岗前培训和岗位培训；根据培训的内容不同有专业知识培训、专业技能培训、企业文化培训、职业道德培训等，根据人员结构不同有基层员工培训和管理层员工培训。上岗培训又叫岗前培训，是一个重要的过渡时期，这种培训主要使新员工充分认识企业形象，了解企业发展的昨天历史、今天现状、明天未来，增强新员工的责任感和使命感，热爱企业，热爱职业，了解企业的规章制度，通过基本的专业技术培训，使新员工能够适应岗位的要求，愉快顺利地走上工作岗位。岗位培训是一项持久的工作，一方面在职员工承担着繁忙的工作，另一方面又要不断提高业务技术，由于在职人员的工种、等级、文化知识层次不同，因此要有重点、有步骤、有计划地开展培训活动。

四、培训的内容

培训内容主要围绕着职业技术能力、相关专业文化知识、社会职业道德观念、人际关系、解决问题能力、企业文化知识等进行。

五、培训的方法

一是用语言传递为主的方法，主要有讲授法、谈话法、讨论法、读书指导法。二是用直接知觉为主的方法，主要有演示法、参观法。三是通过实际训练为主的方法。

六、考核

这里所说的考核是指在结束培训后，依据培训计划中的培训内容对受训者进行的考核。考核的方法要灵活多样，可以采用笔试、口试、实践技能操作的形式进行综合考核，考核的内容以培训的内容为主。对于考核的结果要有具体的奖惩措施，要进行规范，要跟用人结合在一起。

第四节　员工的激励

激励是每一位员工个体获得成功的外在动力，是企业获得成功的希望，激励是现代行为科学管理理论的主题。

一、绩效评估

绩效评估是工作行为的测量过程，就是使用企业制定的标准规范来比较员工的工作绩效，并将绩效评估结果反馈到员工。绩效评估的目的是为了员工的晋升、调职、离职、报酬、奖惩等。绩效评估的方法是通过表格方式确定考评指标，在饭店企业中，由于员工的部门、职位、工作性质等指标的不同，要合理制定设计相应的考评登记表，采用依表评估、排列评估、对比评估、目标评估方法进行评估。选择考评者，考评表应有考评者填写，考评者是被考评员工的上级、下属或同级员工。通过考评表和平时工作档案情况记录进行综合测评。

二、激励员工

激励是现代管理科学行为中最为重要的内容。个人动机是维持行为指向的心理活动，产生动机的原因，一是需求，二是激励。马斯洛的需求层次理论将人的需求从低级到高级分为五个层次，分别是生理需求、安全需求、社会需求、尊重需求、实现自我的需求。将员工的合理需求与企业的发展结合在一起，充分调动员工的积极性，提高员工的工作效率。麦克里兰的成就动机理论认为，人的需求有权利需求、归属需求、成就需求，其中成就需求是人们为了满足需求行为过程中的驱动力，成就需求强烈的人具有强烈的事业感和责任心，成功的企业关键在于成就需求的强弱和人数的多少。在赫茨伯格的双因素理论中，影响员工的因素主要有两种，一是激励因素，又称满足因素或内部因素，主要有奖励、晋升、赏识、责任等，能够激发员工工作的热情，提高工作效率，改善工作关系；二是保健因素，又称外部因素，主要有行政管理、人际关系、工作条件、安全设施，这些因素是保障员工满意水平的基本因素，达不到满意也就不可能激励。作为领导不仅要关心工作，更要关心下级的人生价值和物质需求，要善于激励，让员工的人生价值和物质需求在企业发展过程中逐步实现，不仅满足了员工的需求，而且激励了员工的热情，进行创造性的劳动，使企业保持强劲的生命力。激励的方法主要有环境气氛激励、目标理想激励、榜样激励、荣誉激励、情感激励、物质激励等。

三、团队精神

在强调发展个体个性的同时，我们还要注重社会群体的共性，现代科学管理更加强调人际关系的作用，认为良好的人际关系可以大大提高员工的工作效率，改善员工的工作环境，调整员工的工作情绪。团队精神是现代企业管理之魂，它凝聚了现代企业文化、企业形象、企业精神的综合力量。培养团队精神的方法有许多，比如建立健全规范化的管理制度，建立良好的企业工作环境，树立爱岗敬业思想，弘扬献身精神，更新价值观念。在现代大型饭店之中，每一个部门每一个员工都是系统整体的一个组成部分，在激烈竞争的海浪之中，团队精神是战胜挑战的精神支柱。

第十章　计算机应用与外语知识

第一节　计算机的应用

一、电子计算机发展简史

1. 电子计算机的产生

电子计算机是人类在长期的生产实践和科学研究中，为了减轻繁重的劳动和加快计算过程而发明的一种现代计算工具。20 世纪 30 年代美国的 VBush 为解线性微分方程而设计的微分分析器一般被认为是世界上第一台电子模拟计算机。20 世纪 40 年代中期，由于火箭、导弹、核弹等现代科学技术的发展，需要运算速度更高的计算机来取代台式电动机械计算机，以解决一些极其复杂的数学问题。1946 年，在美国陆军阿伯丁弹道实验室建成了人类第一台由程序控制的电子数字计算机，名叫 ENIAC（埃尼阿克），其特点是体积大、功耗大、运算速度慢，但是它为发展电子计算机奠定了技术基础，如数字编码和程序存储等。

2. 存储与执行程序的应用

1946 年，在 DNIAC 的研制过程中，科学家冯·诺伊曼针对它在存储方面存在的致命弱点，提出了全新的存储程序的通用计算机方案，这就是 EDVAC（埃德瓦克）。它在两方面进行了突出的也是关键性的改进：其一是把计算机要执行的指令和要处理的数据都采用二进制数制表示；其二是把要执行的指令和要处理的数据按照顺序编成程序存储到计算机内部让它自动执行。这就解决了程序的“内部存储”和“自动执行”两大难题，从而大大提高了计算机的运行速度，它比 ENIAC 快了 200 多倍。这就是人类第一台使用二进制数制并能存储程序的电子计算机。这种电子计算机是由计算器、逻辑控制装置、存储器、输入设备和输出设备五个基本部分组成，时至今日，计算机发展了半个世纪，计算机的基本体系结构和基本作用机制仍然沿袭着冯·诺伊曼的最初构思和设计，后人把这种计算机统称为冯·诺伊曼式计算机。

3. 各时代的基本特征

纵观电子计算机半个世纪的发展史，大体上经历了四个时代：

第一代（1946 年～1958 年），是由电子管制作开关逻辑部件的数字电子计算机。

第二代（1958 年～1964 年），是使用晶体管制作开关逻辑部件的数字电子计算机，其运算速度达到每秒几十万到几百万次。

第三代（1964 年～1971 年），是中、小规模集成电路数字电子计算机，主存容量可达到 1 兆至 4 兆字节，运算速度约为每秒几百万至千万次。

第四代（1971 年至今），是大规模、超大规模集成电路电子计算机，运算速度可达每秒运行几百至千亿次以上。

二、电子计算机的分类

1. 数字式与模拟式

根据计算机所处理的信息是采用模拟方式还是数字方式，电子计算机可分为数字式电子计算机和模拟式电子计算机。

2. 通用与专用

计算机按其用途可分为通用计算机和专用计算机两大类。通用计算机可通过改变操作程序使计算机适用于不同的工作要求和领域。一般的数字式电子计算机多属此类。专用计算机是为解决某些特定工作而专门设计的计算机。

3. 巨、大、中、小、微型

根据计算机的总体规模，包括计算机字长、运算速度、存储量大小、系统软件的工作性质，可分为巨型机、大型机、中型机、小型机和微型机五大类。

微型电子计算机又包含一个很宽的领域，它包括单片机、笔记本电脑、掌上型电脑和台式机等。

三、电子计算机的特点

1. 具有极高的运算速度。
2. 具有极高的计算精度。
3. 可灵活而广泛地应用于各种信息处理领域。
4. 可长期连续可靠地工作。

第二节　微型电子计算机的基本组成和技术指标

一、微型电子计算机系统的基本组成

一个完整的电子计算机系统，是由硬件系统和软件系统两大部分组成的。图 11—1 给出了微型电子计算机系统的基本组成。

二、硬件系统

硬件是构成计算机系统各种实体的总称，一般指计算机系统中可见的物理装置。它是组成计算机系统的物质基础，主要包括运算器、控制器、存储器、输入设备、输出设备、总线、接口等。

1. 主机

(1) 运算器　在电子计算机中，执行算术和逻辑操作的部件叫做运算器。

(2) 控制器　控制器是全机的指挥中心，负责对信息进行分析，通过分析按时间的先后顺序向其他部件发出操作控制信号，控制并协调各部分的工作。它主要由指令寄存器、译码

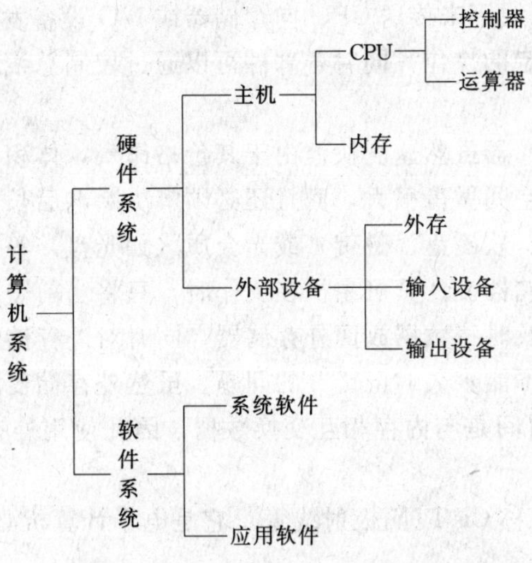

图 11—1　微型电子计算机基本组成

器、程序计数器、操作控制器等组成。

(3) 中央处理单元　由控制器和运算器组合成的大规模或超大规模集成电路芯片，称为中央处理器单元，英文缩写为 CPU，又称中央处理器。CPU 是计算机的核心部件，由它完成运算处理功能，并实施对计算机其他各部件的控制，使计算机各部件协调统一工作。

(4) 内存储器　在计算机中，起着记忆作用的部件叫存储器。计算机在运行中所需要的大量原始数据、中间处理结果、最后处理结果和各种程序都以二进制编码形式存于存储器中。

内存储器简称内存或主存，是 CPU 可以直接访问的存储器。微型电子计算机的内存储器是用大规模集成电路芯片制成的，也称为半导体存储器。内存根据其功能分为只读存储器（ROM）和随机存储器（RAM）两种。只读存储器是一种在存储器芯片上一次性永久固化好数据，从而只能从其中读出数据而不能写入数据的存储器。它一般不能被改写，即使长期断电，其中的数据也不会丢失。因此，ROM 经常用于存储各种硬件的基本输入/输出系统（BIOS）而被安装于相应的硬件上。而随机存储器是在通电状态下可随时读出、写入数据的存储器，断电后随机存储器中的信息会自动消失。

通常所说的内存空间指的是随机存储器的存储字节数。由于应用软件越来越复杂，需要内存空间也就越来越大，因此微型计算机内存容量设计趋势快速增大，目前64 MB和128 MB以上内存的微型电子计算机已非常普遍。

(5) 总线　计算机硬件各组成部件之间采用总线相连。在计算机内总线实际上是一簇导线，它是计算机各部件之间传送信息的公共通道，允许各部件共同使用它传送数据、指令、地址及控制信号等信息。

CPU 和其他部件之间的连线，有以下三种：

1）地址总线　地址总线是单向传输线，用来把地址信息从 CPU 传递到存储器或 I/O 接口等所有与地址总线相连接的设备，指出数据总线和控制总线上的数据所应对应的存储单元或 I/O 设备。

2）数据总线　数据总线是双向传输线，用来供 CPU、存储器、I/O 设备相互之间传送数据信息。

3）控制总线　控制总线用来传送CPU向存储器或I/O设备发出的控制信号，使各部件在规定的时间内完成所规定的操作，同时各部件可以通过控制总线向CPU发回应答信息。

2. 外部信息

(1) 外存储器　内存储器虽然速度快但由于其价格昂贵，体积相对较大且断电后数据会丢失，因此不可能将内存空间做得很大，而且还必须解决断电后长期存储数据的问题。为此可采用磁介质（如硬磁盘、软磁盘、磁带）或光介质（如光盘）等来长期存放大量数据。这种形式的存储器称为外存储器。计算机主机在工作时，只将当前需要的那部分数据和程序调入内存储器，并在用完后及时将数据放回外存储器，同时对外存储器数据进行更新。这样就解决了内存储器空间小和不能永久“记忆”的问题。虽然外存储器的存取速度比较慢，但由于计算机CPU绝大部分时间是与内存相互交换数据，因此使用外存所增加的机时并不十分明显。

(2)显示器　显示器也称CRT(阴极射线管)。它是电子计算机必不可少的外部设备之一，用于显示输出各种数据。

显示器与主机的连接是将显示器接口卡（简称显示卡）插入主机板上的扩展槽内，并用显示器连线将显示器与接口卡连接起来。通常显示器可分为单色显示器和彩色图形显示器。同时显示器是采用高分辨率（VGA）的基本显示方式。目前市场上销售的主流产品是更高分辨率的高档图形加速卡。

(3) 键盘　键盘是向计算机发布命令和输入数据的重要输入设备。在微型机中，它是必备的标准输入设备。

键盘由一组按阵列方式装配在一起的按键开关组成。按下一个键，相当于接通一个开关电路，把该键的代码通过接口电路送入计算机。

按键的种类很多，大体上分为机械式按键和电子式按键两类。电子式按键分电容式和霍尔式两种，一般的键盘大多使用电子式电容式按键。标准键盘为101键。

(4) 打印机　打印机是计算机的主要输出设备之一。打印机的种类和型号很多。按成字的方式可分为击打式和非击打式两种。

目前广泛使用的针式打印机属击打式打印机，打印速度较慢。非击打式打印机没有机械动作，打印速度快。非击打式打印机有喷墨、激光、热敏等方式的打印机。激光打印机的打印速度快，字迹质量好，是目前最好的打印机。针式打印机耗材省，比较经济。喷墨打印机多为彩色也是普遍应用的打印机。

(5) 鼠标器　鼠标器的主要用途是被用来进行光标定位或用来完成某种特定的输入。在一些用户界面十分友好和完善的大型软件及系统软件中，用鼠标器来绘制图形更加直观明了。特别是在目前流行的图形操作方式下，如Windows系统和Office办公自动化软件系统，可直接用鼠标点取操作对象和发布操作命令，操作变得十分直观，大大提高了工作效率。鼠标器的优越性正被愈来愈多的用户认识，已成为电子计算机必备的外围设备。

常用的鼠标器有机械式和光电式两种。二者仅在控制光标移动的原理上有所不同，使用方面没有什么区别。

(6) 其他外部设备　由于多媒体计算机的发展，光盘驱动器、声卡、视卡、音箱、摄像机、话筒、扫描仪、手写输入板等外部设备也已被广泛采用。

三、软件

软件是指系统中实现数据信息处理的程序以及开发、使用和维护程序所需的有关文档的集合。它主要分为两类：系统软件和应用软件。

1. 系统软件

系统软件用于对计算机资源的管理、维护、控制，并帮助用户编写、调试、装配、翻译和运行应用程序。系统软件又可分为：操作系统、语言处理程序和服务程序。

(1) 操作系统　操作系统是计算机的核心软件。计算机的所有硬件都是按指令去工作的，如果计算机硬件的每一个工作细节都要由使用者或应用程序去参与，那计算机的应用和普及是难以想像的。例如，内存如何存取和分配、硬盘第几号磁头移到第几磁道读取第几扇区，读取多少字节等等。同时计算机硬件又千差万别，使用者和应用程序是无法应付的。因此，操作系统应运而生。操作系统是硬件和应用者之间的桥梁，它控制和管理着系统硬件资源，组织协调计算机的运行；为其他系统软件和应用软件提供统一的服务和支持平台，使用户获得一个使用计算机十分“友好”的工作界面。计算机配置了操作系统之后，一方面用户不需要了解计算机硬件的内部细节，也不用记忆和使用繁杂晦涩的计算机指令，就可以利用操作系统提供的简单命令和服务去操纵指挥计算机；另一方面通过操作系统对系统硬、软件资源的管理，可以更充分有效地发挥计算机系统资源的使用效率。通常所说的计算机均是指配有操作系统的计算机系统，而没有配置操作系统的计算机，则称之为“裸机”

1）操作系统通常具有以下五个方面的功能：

①处理机管理（又称之为进程管理）　进程是一个具有独立功能的程序对某个数据集合在处理机上执行过程和分配资源的基本单位，通俗地说就是一个程序的一次执行。处理机管理的功能是合理地管理和控制进程对处理机的要求，使 CPU 资源得到最充分的利用。

②存储器管理　管理对象是内存，即计算机主存储器。存储器管理的功能是随时掌握主存的使用情况，根据用户的不同请求，按照一定的策略进行存储资源的分配和回收；同时保证主存中不同程序和数据之间彼此距离、互不干扰，并保证数据完整，不被破坏和丢失。

③设备管理　设备是指除处理机和主存储器之外的其他硬件。设备管理的功能是随时记录各个设备的状态；为设备提供相应的设备驱动程序；利用中断和通道等技术，使外部设备尽可能与中央处理器并行高效工作。

④作业管理　作业是指用户在一次计算或一次事物处理过程中，要求计算机系统所做工作的集合。作业管理的功能是提供给用户一个使用计算机系统的界面，使用户能够方便地运行自己的作业。并对进入系统的各用户作业进行组织调度，以提高整个系统的运行效率。

⑤文件管理　文件管理的对象是程序和数据。程序和数据以文件的形式存储在外存储器上。文件管理的作用就是在外存储器上组织文件，使用户对文件能按文件名字存取，并向用户提供对文件进行读写、检索、保护、删改等操作命令，使用户能够方便地操作文件，且保证存在外部存储器上的文件安全。

2）操作系统的分类：

按照操作系统提供给用户的工作环境的不同，一般把操作系统分为六类。

①单用户操作系统　一次只支持一个用户作业的运行，该用户独占全部系统资源。微型电子计算机操作系统多为单用户操作系统。

②分时操作系统　能把中央处理器的时间划分成一个个称为“时间片”的时间间隔，分配给各个用户，使他们轮流使用中央处理器，从而使计算机同时为多个用户服务，这种操作系统称为分时操作系统。

③批处理操作系统　在不用用户干预的情况下，自动完成成批作业的处理的操作系统。

④实时操作系统　“实时处理”是指及时响应并快速处理突发的外部事件。实时操作系统就是能在限定的时间范围内，对来自外部的请求、信号等作出响应的操作系统。

⑤网络操作系统　提供网络通信和网络资源共享功能的操作系统。

⑥分布式操作系统　简单地说，由多台计算机组成可以相互协作完成一件共同的任务的计算机系统，称为分布式计算机系统。用于管理、控制分布式计算机系统全部资源的操作系统就是分布式操作系统。

(2) 语言处理程序　它是面向用户的程序，用户使用的语言需要通过语言处理程序翻译成机器能执行的语言。如 BASIC 语言和 C 语言等。

(3) 服务程序　是维护人员的软件工具。常用的及专用的程序有：诊断程序、监控程序、调试程序等。

2. 应用软件

这类软件是为解决某个特定问题或为了某一类的应用需要而编制的程序。

四、微型电子计算机的主要技术性能指标

一台微型电子计算机的功能是由它的系统结构、指令系统、硬件组成和软件配备等多种因素决定的，是一个统一的有机整体，不能只根据一两项指标来判断。要注意评价计算机的综合性能，即多项技术指标的组合。例如，将 CPU 的时钟频率提高一倍，计算机的整体速度只能提高约 30%。但是也不能因此否认某些指标确实能反应计算机的某些主要功能如何，而且对一般用户来说，也只能依据它来大致评价计算机的性能优劣。

电子计算机的主要技术性能指标如下：

1. 运算速度

计算机的运算速度是衡量计算机水平的一项主要指标，其单位为每秒执行的指令数量。微型电子计算机一般采用时钟周期指标来描述计算机的速度。

2. 时钟周期

计算机的 CPU 执行每条指令是通过若干步微操作来实现的。这些微操作是按时钟周期的节拍执行的。时钟周期的微秒数反映了计算机的运算速度，通常用时钟周期的倒数，即时钟频率来表示，称之为主频。主频越高，微型电子计算机的运算速度越快。现在的微型电子计算机主频已达到数百 MHz 至 1 GHz 以上。

3. 字长

字长越长计算精度越高。在主频相同的情况下字长越长信息处理速度越快。目前奔腾级的微型电子计算机字长为 32 位。

4. 内存容量

内存容量大小反映了计算机即时存储信息的能力。一般来讲，内存容量越大功能越强。

5. 外存容量和速度

典型的外部存储器是硬磁盘，其容量单位为 MB。使用中当然是外存容量越大越好，但是

其容量受到了价格的限制。目前微型电子计算机硬盘容量为 10 GB 以上。

硬磁盘速度指“平均寻道时间”，单位为毫秒（ms）。

五、多媒体计算机基础知识

多媒体计算机技术是当前计算机应用迅速发展的热点。多媒体计算机技术，就是用计算机综合处理文本、声音、图形和图像等多种媒体信息，使多种信息建立逻辑和物理上的联接，集成为一个具有交互性的系统。

多媒体个人电子计算机，简称 MPC，它具有综合处理文字、图形、图像、音频、视频等媒体信息的能力。

在多媒体计算机技术中，主要处理的信息类型有：字符、数字及各种数字编码；音频数据；各种图形、动画和视频数据。这些多种媒体信息的集成与交互，使计算机用户可以通过文字信息、声音和图像全方位了解自己感兴趣的对象。计算机用户还可以主动地参与或改变某些信息，即所谓的“人机交互性”。

第三节　计算机的使用

一、计算机的安全使用

1. 开机和关机的顺序

微型电子计算机系统开机要注意操作顺序。先开各个外部设备的电源，如打开显示器、打印机、扫描仪的电源，然后再开主机的电源。关机时则按照相反的顺序操作。为了保证整个计算机系统安全，开关电源的时间间隔不得小于 10 秒钟，否则容易使系统损坏。

2. 微型电子计算机工作环境

使用环境对微型电子计算机正常运行、充分发挥功能和使用寿命均有很大的影响。对微型电子计算机的工作环境基本要求如下：

(1) 温度方面　一般情况下，微型电子计算机工作的环境温度范围为15～30℃。环境温度过低容易使软盘的读写出错；环境温度过高时，会加速半导体材料的老化，出现主机内存的数据丢失、数据处理错误等问题。因此，最好把微型电子计算机放置在有空调的房间内使用。

(2) 湿度方面　微型电子计算机工作环境的相对湿度范围为 40%～60%。若过分潮湿容易使机器表面结露，引起电器元件引线、接点锈蚀，造成断路或短路故障；而过分干燥则容易产生静电，诱发错误信息，甚至造成元件的损坏。

(3) 振动问题　微型电子计算机属于高精密设备，在使用中必须选用稳定可靠的工作台，计算机工作时尽量不要使振动传到主机上，以免使硬盘等零部件受损。

(4) 灰尘问题　使用场所内必须保持洁净，如果灰尘过多，附落在磁盘或磁头上，不仅会造成读写错误，而且会缩短机器寿命。灰尘附着在电路板上，程度严重时会引起机器内部线路之间短路，从而引发故障。

(5) 静电问题　人体很容易带上静电，若在铺设化纤地毯的房间工作，所带静电就更高。

静电放电的危害是很大的。若操作不当，人体的静电会将计算机中的集成电路芯片击穿。因此，在操作中，尤其是触摸电器零部件时，一定要采取放掉静电的措施。

3．软磁盘使用注意事项

为了确保软磁盘上存储数据的安全，在软磁盘使用过程中应注意以下事项：

（1）使用高品质的磁盘。

（2）不要随便打开磁盘上的活门，更不要触摸盘片，以防污染或划伤盘片。

（3）不要弯曲盘片，因为盘片一旦变形就很难保证读写正确。

（4）磁盘驱动器的指示灯亮时，表明正在读写软磁盘，此时不要取出盘片。

（5）妥善保管好磁盘，将其放在清洁、温、湿度适当的地方，同时应将软磁盘远离磁场并避免阳光直射。

二、微型电子计算机的维护常识

开关机时要按操作规程进行；通电后，不得随意搬动设备，禁止插拔各种接口卡；各种信号电缆要在关机断电情况下插拔。

1．软盘驱动器的维护

软盘驱动器是微型电子计算机中故障率较高的部件，其中磁头最容易出故障，所以对软盘驱动器的维护关键是要对磁头用专用的清洗盘进行经常性的定期清洗。

2．硬磁盘维护

硬磁盘的盘片夹在磁头中，所以常因振动而损坏盘面。一般应注意不能在硬磁盘运转时移动计算机，尽量避免频繁启停计算机。

3．打印机的维护

以针式打印机为例，针式打印机的打印头经常与色带上的油墨、纸屑、灰尘等接触，故其打印针孔容易堵塞，严重时会使打印针不能出针，甚至引起断针，所以要对打印头进行定期清洗保养。针头可用酒精冲洗，或用软毛刷沾酒精轻轻刷洗。除应定期清洗打印头外，还应经常给打印头座的导轴及其他活动部件加注机油，以保证机器正常运行。

色带使用一定时间后，必须及时更换，若发现色带有破损，禁止继续使用，否则可能使打印针折断。在插拔电缆时一定要关闭打印机和主机的电源。

搬运打印机时要把打印头固定好。

三、计算机病毒与防治

1．计算机病毒

计算机病毒是一种人为的特制的小程序，具有自我复制到别的程序中的能力。该程序隐藏在计算机系统中难以发现，它具有极强的传染力和破坏力，故人们形象地称之为计算机“病毒”。具有自我复制能力是计算机病毒最根本的特征，也是病毒和正常程序的本质区别。

病毒程序一般包括以下几个主要模块：传染机制、危害机制、隐蔽衍变机制和引发机制。传染机制的基本功能是传染，它包括传染条件及传染程序。传染条件一般为时间或某程序是否已经感染病毒等；危害机制则是计算机病毒的危害主体，它决定了病毒的危害程度，只要外界条件与预设的条件符合，即可触发病毒程序中的危害模块，对正常程序和数据进行破坏。有的病毒仅在显示器上显示一些词句等，不攻击数据，因此危害较轻；而有些病毒的危害部分，则直接附着在操作系统上或寄生在可执行文件或命令文件上，篡改程序，删除文件，从而使机器不再执行原定程序，甚至使计算机死机瘫痪，因此危害严重。隐蔽衍变机制模块和引发机制模块是为了保护或强化危害和传染机制模块，对某一个病毒来说，不一定是完全必需的。

计算机病毒的分类方法各有不同，一般可以按照病毒的危害性、形态和破坏方式进行分类。从病毒的危害性进行分类，则计算机病毒可分为良性病毒和恶性病毒。

（1）良性病毒

这类病毒一般不破坏操作系统或程序文件，典型的表现是在满足触发条件时显示一些语句或图形等，使计算机运行减慢或死锁。其主要危害是降低计算机系统工作效率，无益地占用了主存储器和外存储器的空间。良性病毒是指危害相对较轻的病毒。

（2）恶性病毒　恶性病毒通常直接破坏系统文件或程序文件，其有两个类型：操作系统寄生型和文件寄生型。

1）操作系统寄生型病毒在操作系统引导时进入系统内存，并修改某些系统中断向量，一旦病毒程序中设置的条件（如系统时间、目标盘有无毒标志等）得到满足，则病毒程序即开始执行，并破坏有关文件及数据。

2）文件寄生型病毒寄生在命令文件或可执行文件的内部，一旦调用运行这些文件，病毒立即进入主存储器，并将其复制到其他正常文件上，同时开始破坏文件的操作，并直接损坏正常程序和数据。

计算机病毒是计算机犯罪的一种新的衍化形式。计算机病毒是高技术犯罪，具有瞬时性、动态性和随机性，不易取证，风险小破坏大，从而刺激了犯罪意识和犯罪活动，它是某些人恶作剧和报复心态在计算机应用领域的表现。

2. 计算机病毒的来源

计算机软、硬件的脆弱性是病毒蔓延的根本技术原因。计算机是电子产品，数据的输入、存储、处理和输出各个环节中都容易产生丢失和破坏。目前还没有办法证明一个设计出来的计算机软件没有错误，只能在运行实验中发现并修改错误，并且不知道还有多少错误和缺陷隐藏在程序内部，这就为病毒的入侵提供了便利条件。

微型电子计算机的普及应用，操作系统简单，软、硬件透明度高，安全措施很少，能够深入了解内部构造和运行机理的用户日益增多，对其存在的缺陷和容易攻击的地方也了解得越来越清楚。目前，在微型电子计算机中广泛流行着各种病毒就很能说明这个问题。

计算机病毒的来源一般有两个方面：其一，各种人出于某种目的设计出的旨在攻击计算机系统的病毒程序。例如，软件企业或用户为保护自己的软件不被非法复制而采取的报复性惩罚措施。其二，正常设计的程序，但由于某种原因驱动而产生了破坏计算机系统正常运行的效果。

3. 计算机病毒的预防

病毒的侵入必然对计算机系统资源构成威胁，即使是良性病毒，它也要占用系统空间。因此，防止病毒的侵入要比病毒入侵后再去发现和排除它更重要。堵塞传播渠道是防止计算机病毒侵入的有效方法，作为计算机的用户，预防计算机病毒应该在以下几方面加以注意：

（1）要使用正版软件，不使用来历不明或不是正当途径复制的软件。

（2）系统软盘应指定专机使用，专盘专用，不使用没有把握的软盘启动计算机。

(3) 要经常地对各种文件进行备份，并形成制度。

(4) 凡不需要再写入数据的磁盘都应做写保护处理。并将所有的文件赋予“只读”属性。借给他人的系统盘、应用程序盘和数据盘应是复制品，在归还后应进行格式化处理，否则不宜再用。

(5) 经常检查计算机软件系统是否正常。一旦发现有计算机遭受病毒感染，应立即隔离，查明原因，尽快消毒处理。

(6) 对他人的软件、数据文件必须严格地进行检查，确定无毒后才能使用。

(7) 在计算机网络上使用的软件更要严格控制，遵守网上的规章制度。

(8) 严禁在机器上玩各种电子游戏，因游戏盘大多来历不明，很多游戏软件为了防止拷贝使用一些加密手段，很有可能带有病毒。

第四节　计算机网络与 Internet

一、计算机网络基础知识

1. 计算机网络的概念

随着计算机技术的飞速发展，计算机的应用已经渗透到各个技术领域和整个社会的各个方面。社会信息化、数据的分布处理，各种计算机资源的共享等应用要求，推动了计算机技术向着群体方向发展，促使当代的计算机技术和通信技术紧密结合。计算机网络是这两大现代技术相结合的产物，它代表了当前高新技术发展的重要方向。

计算机网络就是将地理位置不同并具有独立工作能力的多个计算机系统，通过通信线路互相连接在一起，在相应通信协议和网络系统软件的支持下，实现网络资源共享和相互通信的整个系统叫做计算机网络。

计算机网络是计算机的一个群体，是由多台计算机组成的。计算机之间的互联有有线和无线两种方式，计算机之间通过双绞线、光导纤维、电话线等有形通信介质互相连接，也可以通过微波、地球卫星通信信道等无形介质互连。每台计算机的工作是独立的，任意两台计算机之间没有主从关系。

2. 计算机网络的主要功能

计算机网络的主要功能是数据通信和共享资源。数据通信是指计算机网络中可以实现计算机与计算机或计算机与终端之间的数据传送。共享资源包括硬、软件资源共享与数据资源共享。总之，计算机网络的核心是资源共享，基本功能是数据通信。

(1) 硬件资源共享是共享其他网络资源的物质基础。首先，可以增强整个网络系统的处理能力，当某个主机系统负担过重时，可以将某些作业通过网络送到其他主机系统处理，以减轻局部负担，提高设备利用率。其次，可以提高系统的可靠性，当网中某台计算机发生故障时，可由别的计算机代为处理，以保证不因局部故障而导致系统的瘫痪。第三，硬件资源共享可以做到资源调剂，使功能弱小的用户可以分享大型机拥有的软、硬件资源。

(2) 软件资源共享是指共享各种系统程序、语言处理程序、服务程序和应用程序等。

(3) 数据资源共享是计算机网络最主要的功能，数据资源包括：数据文件、数据库等。由于数据产生的源头是分散在各地的，所以要用计算机网络才能高效率地进行数据采集和传输、集中处理和由各用户共享。例如饭店业的全国联网服务网络系统等。

这里需要说明的是，计算机多用户系统与计算机网络系统是有本质区别的。多用户系统是由一台中央处理机与若干个联机的计算机终端，应用一个多用户操作系统（例如：UNIX）组成。在早期的多用户系统中，终端不具备独立的数据处理能力，它只作为输入输出设备供用户使用。随着微型计算机的诞生，有相当数量的微型计算机与多用户系统的中央处理机相连，其本身具有独立数据处理能力，一般把它称为智能终端。在多用户系统中，主机与各个终端之间存在着支配与被支配的关系，各个终端受主机的控制。而在计算机网络系统中，各计算机和终端之间没有支配与被支配的关系，它们之间无主从关系。

3. 网络类型

根据网络覆盖范围的大小和应用的技术条件以及工作环境，可以分为广域地区网络、局部地区网络和大城市地区网络等几种不同的类型。

(1) 广域网（Wide Area Nemours 缩写 WAN） 广域网无论在技术上还是在硬件配置上都比局域网复杂得多。安装一个广域网，必须采用或租用长距离传输线路，利用普通电话线、卫星、微波、光纤等远距离通信手段，把位于不同国家、地区的专用计算机及局域网连接起来，从而形成规模更大、信息量更丰富的广域网。广域网又叫远距离网络，一般可跨城市、跨地区，其覆盖范围甚至能延伸到全国和全世界。这种网络出于军事、国防和科学研究的需要，发展较早。

(2) 局域网（Local Area Network 缩写 LAN） 它是在小型计算机和微型计算机大量推广使用之后才逐步发展起来的，它成本低，应用广，深受广大用户的欢迎，已成为计算机网络中的后起之秀，得到世界各国的普遍重视。局域网通常在工厂、学校、饭店、机关办公室和大型建筑物中使用，比较灵活方便。局域网技术是以一种方便、廉价和可靠的方法来解决计算机通信问题的。由于通信线路过长会影响数据的正确传输，因此不同构型的局域网其通信线路的长度都有一定的限制，所以，局域网覆盖的范围有限，一般在10 km距离范围，只能满足短距离通信的需求。一个局域网内的设备通常包括网络服务器、网络工作站、网络打印机等等。局域网的出现，使得人们共享网络信息、外存储空间、打印机等的愿望成为现实，这就大大降低了计算成本，提高了设备、信息的利用率。

4. 网络协议

计算机网络是由多种计算机和各类终端通过通信线路连接起来的复杂系统，要进行通信，必须按照双方事先约定的规则进行。这些规则规定了传输数据的格式和有关事项。这些通信双方事先约定且必须共同遵守的控制数据通信的规则、标准等统称为网络协议。

网络协议由语义、语法和定时三部分组成。语义规定通信双方准备“讲什么”；语法规定通信双方“如何讲”，确定数据的传输格式；定时规定通信双方彼此的“应答关系”，确定通信的开始和终止。

协议对网络是十分重要的，它是保证网络正常工作的关键手段。有网络一定有通信，有通信一定有协议。如果通信双方无协议，则对所传输的信息无法理解，也无法处理与执行。网络中有各种类型的协议，针对不同的问题，可以制定出各种不同的协议。例如可以为文件传输制定一个文件传输协议，它规定文件应怎样存取，怎样收发，出错应怎样处理等。

5. 计算机网络操作系统

在计算机网络中，必须有一个网络操作系统来统一管理整个网络，对网络中类型不同的各种资源提供一个一致的存取方法，免除用户了解远端所用机器的操作系统以及网络存取控制软件方面内容的劳苦，帮助用户对分布在网络中的所有资源进行开发和利用，为用户提供最大的方便。

建立网络操作系统的目的，就是要在用户和连成网络的计算机资源之间形成一个操作管理机构。这个管理机构应该是计算机软件和通信协议的综合，应当具备与单计算机操作系统提供同等服务的能力。总之，理想的网络操作系统必须提供对网络内所有资源一致、便捷和可控的存取方法；能协调资源之间的不兼容性，使它们能共同被利用；还能支持对信息和文件的存取控制，并对资源的利用进行统计；同时能及时地提供现有网络资源的状态信息。

网络操作系统是一种具有单机操作和网络管理双重功能的系统软件。在启动网络操作系统之前，网络中各独立的系统互不干扰，能够独立进行工作，相当于单机系统。当启动了网络操作系统后，网络系统中各个相对独立的系统之间建立了必要的通信联系，从而使各个计算机具有了多用户和网络系统的特性。

网络操作系统一般包括四个基本组成部分：第一，具备一个单机操作系统作为网络操作系统的基础。第二，设置一个网络通信软件实现网络通信服务。第三，设置一个网络文件服务程序实现文件和设备的共享。第四，通过网络应用软件来优化用户工作环境。

目前还没有一个对各种类型的计算机都适用而有效的网络操作系统。但是，研究和开发在现有操作系统之下运行的应用程序、在现有的一组不同类型的单机操作系统基础上产生一个通用的网络操作系统，已有一定进展。例如诺威（Novell）公司的IntranetWare、微软（Microsoft）公司的Windows2000 server版，都是性能很好的网络操作系统。

6. 网络系统之间的互联

网络互联是指将两个或两个以上的网络，通过网络转换器及相应的技术实现相互联通，从而达到网络之间进行通信和资源共享的目的。

在现有的种类繁多的网络条件下，要实现互相连接，就要解决网络之间互联的接口问题。各种网络之间的互联接口，一般叫做网络转换器。网络转换器是解决目前已有网络之间互联的方法之一。

网络转接器主要用于不同类型的网络之间的互联，包括相同类型的局域网互联，不同类型的局域网互联，局域网与广域网之间的互联等。

目前已有的各种构型的网络转换器有网关、路由器、网桥和中继器等互联设备。网关适用于采用不同协议的异种计算机网络间的互联；路由器具备协议转换功能，还可以为网络间的数据交换选择最佳路径，以最安全高效的方式完成数据传送；网桥适用于同种局域网间互联；中继器的功能是连接两个网段。

对于两个不同网络，不管它们的硬件、软件、协议有多大差异，通过互联以后，一个网络上的用户与另一个网络上的用户就可以相互交换信息，这是网络互联的基本要求。

二、计算机局域网的特点和分类

1. 计算机局域网的概念

计算机网络的发展源于广域网，到了70年代，局域网络得到了迅速发展，它通常建立在集中的商业区、工业区、政府部门和大学校园中。局域网有着非常广泛的应用领域，它主要用于办公自动化、企业管理、工业自动化、军事指挥和控制系统、计算机辅助教学、银行系统、商业系统及校园网等方面。商场、宾馆、银行、机关、学校、工厂等各行各业都是局域网的应用对象。例如宾馆饭店可以利用局域网自动进行客房预订、信息查询服务、客房结账、报表制作等业务，实现服务自动化。总之，局域网的发展与应用的前景非常广阔。

2. 局域网的基本特点

(1) 覆盖的地理范围一般不超过10 km，如一幢大楼、一家饭店等。

(2) 大量采用星形、环形等连接结构，为用户提供了良好的分布式信息处理环境。对传输介质的适应性强，铜制双绞线、光缆都能使用。

(3) 数据传输速率一般为兆位每秒的数量级，主流的传输速率为每秒一百兆位，传输数据误码率低。

(4) 便于安装和维护，可靠性高，扩充也很容易，可以随时增减网络结点，而且在某些站点出现故障时，整个网络仍然能够正常工作。操作系统及网络协议简单易学。

(5) 通常属于一个企业或部分所有，而不属于公用服务事业。

3. 局域网的基本组成

局域网一般由网络服务器、用户工作站、网络适配器、网络传输介质及附属设备和网络软件等组成。

(1) 网络服务器　网络服务器主要用于管理网络系统中的共享资源。例如大容量磁盘、磁带、光盘、高速打印机、数据库文件等。网络服务器可分为文件服务器、打印服务器、应用软件服务器、备用服务器等。一个局域网中可以有多个服务器，以实现共享资源的分布配置。局域网的许多功能是通过服务器来实现的，网络操作系统等软件也主要安装在服务器上。因此，网络服务器的性能直接影响到局域网的性能。网络服务器可由网络中高性能的微型计算机担当，但更多的是选择小型或大型计算机专用。不管选用哪种设备，网络服务器都必须具备快速访问能力和强大的通信处理能力。

(2) 用户工作站　用户工作站也称为网络终端，用户通过它来访问网络的共享资源。在局域网中，用户工作站本身应具有一定的处理能力，可以采用普通微型电子计算机，也可以选择专用网络终端。

(3) 网络适配器　网络适配器是局域网中的通信控制或通信处理机，通过它将用户工作站或服务器连接到网络上，实现网络资源共享和相互通信。网络适配器执行数据链路层的通信协议，实现物理层信号的转换，它是网络中的关键部件。在局域网中通常将网络适配器做成一块插件板，安装在微机的扩展槽上，因而又称之为网卡。

(4) 传输介质　局域网使用的传输介质主要有双绞线和光纤缆。双绞线一般作为建筑物内部的局域网干线，光纤电缆则因其性能优良、价格较贵，常常作为建筑物之间的连接干线。一般小规模的局域网，只需采用一种传输介质就可满足要求。

(5) 网络软件

网络软件包括网络协议软件、通信软件和网络操作系统等。网络软件功能的强弱直接影响到网络的性能。局域网的协议软件主要用于实现网络协议功能。局域网的通信软件用于管理各个工作站之间的信息传输，如网络驱动程序。局域网的操作系统是在网络环境中进行资源管理的程序，主要包括文件服务程序、打印服务程序和网络接口程序等。文件服务程序管理共享文件系统，打印服务程序实现共享打印机的管理，网络接口程序管理工作站对不同资源的访问。

三、Internet 基础知识

1. Internet 概念

Internet 一词来源于英文，意为“互联各个网络”，简称“互联网”，1997 年 7 月 18 日，全国科学技术名词审定委员会推荐名为“因特网”。包括局域网（LAN）与广域网（WAN）等不同规模、不同构型的网络。

Internet 是一个将位于不同地区、不同环境、不同类型的多个网络互联而构成的全球性计算机网络，它提供了各个网络间互联和传导的规则与设施，使得不同网络间的信息可以安全、方便、自由地交换。Internet 网络技术目前正向宽带和高速方向发展。从功能上讲 Internet 是一个巨大的世界性的信息资源库，它本身所提供的一系列各具特色的应用程序，使得网络用户能够借助于这些服务资源快捷地实现对网络中各种信息资源的访问，从而极大地扩展了人们的视野，迅速地改变着人们的生活和工作方式，Internet 必将极大地促进人类社会的进步与发展。

2. Internet 结构

从结构上看，Internet 由主干网和骨干网、国际出口、用户接入层三个层次构成。

(1)主干网主要由美国国家科学基金会网 NSFNET、美国 Sprint 电信公司的 Sprint Link、能源科学网 BSNET、国家宇航科学网 NASAST 及分布在欧洲、亚太地区的其他主干网构成。

(2) 主干网在其他地区的延伸形成骨干网。如中国信息产业部的 ChinaNET 就是 Internet 的骨干网，它是美国的主干网 Sprint Link 在中国的延伸。chinned 在北京、上海等地设立的国际出口与主干网 Sprint Link 连通。ChinaNET 主要由中国公用分组数据交换网（ChinaPAC)、中国公用数字数据网（ChinaDDN)、帧中继网（Frame Relay)、公共电话网(PSTN)、中国公用电子信箱系统（ChinaMAI）等互联网络构成。

(3) 用户接入层的作用是使用户能够以最经济的方法、最短的路径、最可靠的方式接入 Internet。例如目前中国用户可以使用 SLIP/PPP、拨号仿真终端、专线入网等多种途径，以 56 000bps 等多种速率入网。

3. Internet 信息资源

Internet 所包含的信息资源涵盖了人类生活的各个方面，包括自然科学、社会科学、政治、历史、军事、教育、金融、商业、生活等领域。Internet 允许世界上来自不同国家、不同文化背景、不同种族、不同宗教信仰的人们进行通信和信息共享。人们只是利用一台普通的个人电子计算机，就能够在瞬间与整个世界沟通，从中获取大量的知识与信息。例如我们可以通过连接网络上的图书馆，欣赏其中的世界名著，当然，对于某些文件、期刊、资料等也可以利用方便的手段转存到我们自己的电子计算机中，为己所用；还可以访问网络上的博物馆，了解世界文件；通过阅读网络电子公告牌，我们能够获取网络上的最新消息；浏览世界上最新的政治事件、政府政策、金融行情、新闻、天气预报等等。

4. Internet 服务资源

要访问 Internet 丰富的信息资源，必须利用一系列的应用程序。对于 Internet 而言，所有可供访问网络信息的应用程序，都已作为服务资源成为网络资源的一部分存在于网络之中，用户可以针对不同的目的，选择不同的服务资源，快捷、方便、安全地实现对网络信息的访问。Internet 服务资源主要有：文件传输（FTP）；远程登录（Telnet）；电子邮件（E-mail）；信息检索（Gopher、WAIS、Archie 服务、万维网-WWW）；网络讨论等。

5. TCP/IP 协议与 Internet 地址

Internet 遵从的一系列协议被统称为传输控制协议以及网际间协议，缩写为 TCP/IP 协议。由于有了 TCP/IP 协议在技术上的支持，才使得网络上种类繁多的信息能够在全球范围内安全、可靠和迅速地传递。

(1) TCP/IP 协议　IP 协议是 Internet 上最基本的协议，所有的 Internet 服务都使用 IP 来发送或接收分组数据，它的作用是将信息从一台计算机传到另一台计算机中，它定义了信息在计算机间传送的格式；TCP 协议能够帮助 IP 实现网络间数据的可靠传输，识别网络间被传数据的类型，自动检测丢失的数据并适时处理这一问题。同时，还能去掉因网络故障而产生的重复数据，并能使两台计算机上的程序通过 Internet 以类似于电话的方式进行通信，即 TCP 使信息在 Internet 上的传输更为可靠。

TCP/IP 协议提供了一种在 Internet 上可靠传输数据的方法，它能够控制并完成传输，管理传输路径，并适时处理传输中可能出现的故障。

目前，TCP/IP 协议实际上早已成为 Internet 的标准通信协议，在具体应用中，TCP/IP 协议提供了一套地址方案—域命名服务系统，用以标识网络上的每一个站点，并以一系列网络服务来完成其功能。

(2) TCP/IP 协议和域名服务系统 DNS　Internet 的计算机数以万计，如何区分它们，使信息从网络中的一台计算机正确抵达其传输的目的机呢？作为 Internet 标准通信协议的 TCP/IP 协议，提供了域名服务系统（DNS），使得 Internet 上每一台独立主机都有惟一的地址与之对应。

所有的 Internet 标准地址都遵从如下的形式：

用户名@域名

其中用户名用以标识用户计算机，可由用户自行定义，通常采用用户真实姓名的简写形式或入网名；域名标识了 Internet 上的一个具体的计算机系统，标明了用户所属的机构或计算机网络，通常就是用户所在的主机的名字或地址。

例如 xyz@263.net，此地址表明用户 xyz 所使用的主机是中国电信 263 网的计算机。

实际上，域名地址在使用时都要由域名服务器转换为四个以小数点隔开的十进制整数才能被 Internet 网使用，如 128.10.2.1。这组数字称为 IP 地址，域名地址与 IP 地址是惟一对应的。在实际使用中也可直接输入 IP 地址。

在使用 Internet 标准地址时，应注意如下三点：

1）Internet 标准地址中不得有空格存在。

2）Internet标准地址一般不区分大小写，但为避免不必要的麻烦，最好全部采用小写形式。

3）用户名与域名的组合必须保持惟一性，才能够保持 Internet 标准地址的惟一。实际上，Internet 标准地址就是网络用户的 E-mail 地址。

6. Internet 服务提供商 ISP

ISP 是向用户提供 Internet 服务的一个系统，它具有两方面的功能：第一是提供与Internet 连通与接入的技术支持，使一般用户的计算机或局域网能够成为 Internet 网络中的一个成员；第二是为用户提供信息服务。

普通计算机用户必须通过 ISP 才能够顺利接入 Internet 网，成为网上的一员，否则无法进入。为什么只有通过 ISP 才能顺利接入 Internet 网呢？这是因为：首先，接入 Internet 网，需要大量的专用设备，如管理网络的服务器、路由器、通信线路、电话设备等，购置并维护这些设备的费用是大多数用户都难以负担的，同时也没有必要人人都去购买这些设备；其次，从关于网络的介绍中我们已经知道，Internet 网是计算机技术与通信技术相融合的产物，它本身蕴含着极高的计算机与通信技术的专业知识，然而，并非网络上的每个人都是计算机或通信专家，他们访问 Internet 时，必然会遇到许多他们自己无法解决的问题，这就需要有专业人员能够适时提供各种技术上的援助。ISP 正是这类专用设备、技术援助的提供者。

一个强有力的 ISP，除了具备先进的网络硬设备及丰富的网络服务资源外，更具备大量的专业知识与技能。因此，从某种意义上讲，ISP 对于普通用户能否顺利地访问和使用 Internet 网络资源起着相当大的决定作用。当然，ISP 在为其用户提供各种信息资源服务的同时，也会准确地计算和收取相应的费用。

一旦 ISP 接受了用户连入 Internet 的申请，它就会给用户一个 Internet 域名地址及 IP 地址。既然 ISP 在用户接入 Internet 网的过程中起着关键的作用，那么，如何选择 ISP 也成了一个重要的问题。用户要根据自己的需要选择 ISP。选择中应注意以下问题：

（1）信息服务　ISP 所提供的服务不仅仅是连通与接入，更在于是否能全面提供 Internet 各类网络的服务资源，用户在连通之后能够在哪里以及如何获得高质量的信息服务。读者应该注意，在接受信息服务方面最为重要的是用户所能得到的信息内容，而不仅仅是信息服务实现的技术。对于中文用户，更应该考查 ISP 所提供的信息中有特色的中文信息所占的比重。事实上，信息资源的二次开发及专业化的公共信息服务最能显示出 ISP 的实力。

（2）网络访问服务　用户通过对网络资源的访问来获取信息，因此，还应考虑 ISP 的技术支持及安全性。应该考查该 ISP 是否有足够的拨号端口及线路带宽，以保证使用拨号联网的用户不会因等待拨号端口而不能及时登录到网络上。此外，还应了解 ISP 到国际出口是否为高速线路。用户应该了解该 ISP 未来的带宽计划和明天的目标，它的现有资金规模和技术能力状况，在用户访问网络资源的过程中，能否适时向用户提供所需的技术支持。

（3）安全性方面的服务　在安全性方面，应考查 ISP 采用了怎样的防火墙技术，是否具备较强的防治病毒能力，以保证信息能够在网络中及时、完整、安全地传输，抵御网络黑客的袭击。如：对于用户的站点设置了什么类型的安全措施，这些措施的具体内容是什么？用户的信用卡或账户信息存储在何处，在用户自己的站点还是 ISP 的站点？重要信息会在硬盘上被设置密码吗？谁来进行备份，多久备份一次，由谁来对它们进行存储？ISP 将会具有大型商业服务器吗？ISP 能够提供上述用户需要的服务并对管理这些服务提供支持吗？

用户利用网络进行电子贸易时，因时间和安全方面的原因，总是希望自己的 ISP 离 Internet 主干网越近越好。专家认为：“从安全角度看，你与其他部分之间的路由器越少，途中端点越少，发生故障时的查找就越容易”。ISP 离主干网越远，入侵点就越多，薄弱区域也就越多。

（4）费用　不同的 ISP，其计费情况可能有较大差异。在对上述三点有了明确的把握之后，还应对该 ISP 的计费方式作一些了解，以期能以尽可能少的投入获取较多的信息回报。

连入 Internet 的费用可以分为两类：一类是一次性支出的费用，包括设备支出（计算机、MODBM、网络用户的网络设备、路由器、连接专线的费用等）和入网费（有些 ISP 不收入网费）；另一类是日常使用费。不同的连接方式、不同的使用要求对于不同的 ISP 使用效果是有相当的差异的。

7. 关于调制解调器的一般常识

（1）调制解调器的作用　当前大多数计算机都是利用电话拨号线上网。由于电话线路传输的是模拟电子信号（即放大了的语音信号），而计算机处理的是数字信号。因此，电话线路传输的信号不能直接用于计算机信息的传输与处理。要把电话线用作不同计算机之间的网络通道，就得使用一种接口装置，这就是调制解调器（modem），当计算机发送信息时，modem 把来自计算机的数字信号转换（调制）成可通过电话线路发送的模拟信号；当计算机接收信息时，modem 把从电话线路接收的模拟信号转换（解调）成计算机懂得的数字信号。modem 在此充当计算机和电话的“中间人”，保证双方能够彼此明白。

（2）调制解调器的类型及选择　调制解调器的选择取决于三点：兼容性、设计的接口形式和速率。

1）兼容性：必须选择与你的计算机兼容的调制解调器，并要有与机型相配的连接电缆。

2）接口形式：目前常用的调制解调器主要有两种，即内置式和外置式。内置式实际上是一块直接插入计算机主板扩展槽中的电路板。外置式则是利用电缆与计算机相连的一台独立设备。

3）速率：即调制解调器每秒所能传输的最高数据位数，单位是 bps。现在常用的调制解调器速率为56 Kbps。

第五节　计算机的应用

计算机的应用领域大致可分为以下五个方面：

一、科学计算和科学研究

有些科学计算问题必须用电子计算机才能解决，例如天气预报，由于有很强的时间性，如果不超前一定时间发布就不能称其为预报。用解气象方程式的方法预测气象变化，准确性较高，但计算工作量非常大。所以，只有在高速电子计算机出现以后，才大大减轻了计算的工作量。在实验室中，计算机可精确地控制实验过程，进行各种参数的组合，快速可靠地收集数据，对数据进行分析整理。计算机新的图形技术可分析心理学、经济学方面的数据。计算机科学提供的工具和技术同时促进了很多新的学科分支的建立，并使一些古典学科重新焕发了青春。

目前在烹饪方面的科学计算应用还较少，但在菜点设计中，如菜点的配方研究、工艺设计、营养分析等方面均有广阔的应用前景。微型计算机用于科学计算的软件很多，美国 MathWorks 公司推出的 MATLAB 5. X for Windows 9X 数学软件是其中的佼佼者，MATLAB 是一种面向科学与工程计算的高级计算机语言，它集科学计算、信号处理、图像处理等于一体，具有各种工具箱，用户界面友好，编程简捷直观，我们可以很方便地掌握它。

二、信息处理

当今时代是信息的时代，人们每时每刻都要搜集、加工处理大量数据信息，使信息更好地为社会服务。数据信息是事实、概念或命令的形式化方式的表示，方便了阅读、通信、转换或处理。数据信息处理分为对数据的加工、合并、分类等项工作，现在常说的处理多指会计、统计、资料管理和试验资料的整理等，它们的原始数据庞大，数学计算简单，主要是逻辑性计算，处理后的数据常常要制成表格或是作为文件储存起来。近年来，计算机具有的高速运算、大容量存储及逻辑运算能力，使它成为信息处理最有力的工具，被广泛应用于企事业管理、情报检索等方面。

在餐饮企业竞争日趋激烈的情况下，企业需要不断了解市场需求和消费者的饮食偏好特点，将市场信息、营销数据进行统计运算和科学分析与研究，从表面上纷杂无序的原始数据中发掘出有用的内在信息，从而掌握市场，制作适销对路的菜点产品，提高竞争能力。

目前，SPSS (Statistical Package for the Social Science) 社会科学用统计软件包是世界著名的统计分析软件之一，能够应用于商业、经济、心理学等多种领域。SPSS 8.0 for Windows9X 是微型计算机用的版本，它操作直观，可以用数字和图形的方式输出结果；易学易用，操作人员粗通统计分析原理，就可以应用该软件为特定的分析研究工作服务。

三、实时控制

实时控制也称过程控制，是指用计算机实时检测，按最佳值实时对控制对象进行自动控制或自动调节。由于电子计算机的高速计算能力和逻辑判断能力很强，所以常用于生产过程的实时控制。被控对象可以是一台或一组自动化设备，也可以是一个车间或整个工厂，例如现在多数工厂使用的 CIMS（计算机集成制造系统）。

现代社会对菜点品质的要求越来越高，传统的手工操作已达不到要求，因此菜点加工制作工艺必须朝着机械化、自动化、智能化的方向发展，而工业控制计算机大量地应用于厨房各种加工设备，对于温度、压力、流量、成分、浓度、物位等等参数的实时控制必然渗入到各个工艺环节。利用计算机进行过程控制，能改善劳动条件，提高产品质量，节省能源，降低成本，实现生产过程的自动化和智能化。

四、辅助设计、辅助制作和辅助教学

1. 辅助设计

计算机辅助设计（简称 CAD），就是利用计算机的计算和逻辑运算等功能，帮助人们进行产品设计和工程技术设计。它可使设计过程自动化，缩短设计周期，节省人力和物力资源，提高产品和工程设计质量。目前，计算机辅助设计和计算机辅助制造（简称 CAM），已广泛应用到机械、电子等等方面的设计工作中，并取得了很好的效果。特别是在飞机、大规模集成电路、大型自动控制系统等的设计中，CAD 占据着愈来愈重要的地位。

2. 辅助制作

在餐饮系统采用 CAD 技术可以用计算机绘制各种图形，这不但减轻了制图工作量，且提高了制图精度。配合菜点加工制作的自动化、智能化设备可以大大提高菜点的品质和生产效率。在微型计算机上使用的软件有 Auto CAD 2000 for Windows 等。

3. 辅助教学

计算机辅助教学（简称 CAI），用计算机进行辅助教学，可使教学内容多样化、形象化，直观易懂，便于因材施教。在微型计算机上使用的软件有 MS Office 中的 Power Point、ADOBE Photoshop、ADOBE Illustrator、3D MAX、AUTHRWARE 等。这些软件也可以用于菜点设计、交流、管理等方面。

五、人工智能

人工智能（Artificial Intelligence 简称 AI）是研究机器智能和智能机器的高新技术学科，它模拟、延伸和扩展人的智能，是实现某些脑力劳动自动化的技术基础。它涉及到系统科学、计算机科学、控制论、信息论、仿生学、神经学、心理学、生理学等多门学科。

用计算机实现人工智能，主要研究内容有以下三个方面：

1. 机器思维

主要有专家系统、机器证明等。其中专家系统可以用于宴会设计、菜单制定、专业诊断等工作。

2. 机器感知

主要有对文字、图形、图像、声音等模式识别和自然语言的理解。实际应用于语音汉字输入、菜点自动分类识别等工作。

3. 机器行为

主要有智能控制、智能管理等。可应用的方面是：餐饮业专用智能机器人、智能餐饮管理系统等。

人工智能是当代迅猛发展的尖端科技，随着研究的深入，在各行各业都会有极其广阔的应用前景。

第六节　餐饮服务中的英语词汇

一、行业词语

中餐	chinese food
西餐	western food
快餐	fast food
早餐	breakfast
午餐	lunch
晚餐	dinner
冷餐	cold food
宵夜	midnight snack
素食	vegetarian food

野餐	picnic
盒饭	box food
自助餐	buffet
欧陆式西餐	European continental cuisine
美式西餐	US cuisine
茶会	tea party
酒会	wine party
宴会	banquet
菜单	menu
餐前小吃	snack
冷菜	salad
主菜	main course
主食	main dish
点心	snack
川菜	Sichuan cuisine
京菜	Beijing cuisine
鲁菜	Shandong cuisine
粤菜	Guangdong cuisine
沪菜	Shanghai cuisine
苏菜	Jiangsu cuisine
湘菜	Hunan cuisine
浙菜	Zhejiang cuisine
厨师	cook
厨师长	chef
烹饪	cooking
烹制	cook

二、餐饮器皿

茶具	tea set
咖啡具	coffee set
银器	silver ware
玻璃器	glass ware
盘子　碟子	plate，dish
茶碟	saucer
汤碗	soup bowl
汤杯	soup cup
甜食盘	dessert plate
奶酪盘	cheese plate
洗手盅	finger bowl

托盘	tray
鱼刀	fish knife
黄油刀	butter knife
水果刀	fruit knife
蛋糕刀	cake knife
甜品叉	dessert fork
汤勺	soup spoon
甜食勺	dessert spoon
茶勺	tea spoon
面包篮	bread basket
糖缸	sugar basin
牛奶罐	milk jug
黄油罐	butter container
黄油碟	butter dish
胡椒末	pepper ground
芥末罐	mustard pot
筷子	chopsticks
瓷勺	china spoon
台布	table cloth，table linen
咖啡杯	coffee cup
茶杯	tea cup
蛋托杯	egg cup
啤酒杯	beer mug
红酒杯	wine glass
高脚杯	goblet
白兰地杯	brandy glass
壶	pot
水壶	water kettle
茶壶	tea pot
水瓶	water bottle，pitchers
热水瓶	thermos
冰桶	ice pot
酒篮	wine basket
酒精炉	chafing dish
饭碗	bowl ricc
汤盅	tureen
鱼盘	fish platter
水勺	water dipper
抹布	pantry cloth

筷子架	chopstick rack
一套餐具	a dinner service
一副筷子	a pair of chopsticks
餐叉	fork
餐刀	table knife
餐巾	napkin
胡椒瓶	pepper-bottle
盐瓶	salt cellar
瓷器	china
银盘	silver plate
金盘	gold plate
玻璃杯具	dinner glass
餐盘（平）	dinner plate
汤盘（深）	soup plate
圆盘	round plate
方盘	square plate
水果盘	fruit plate
肉盘	meat plate
碗	bowl
坛子、广口瓶	jar

三、厨房设备器具

灭火器	fire sprinkier
厨房	kitchen
冷冻冰库	deep freezing compartment
蔬菜冰箱	vegetable refrigerator（freezer）
操作平台	kitchen table
食品加工机	food processor
绞肉机	meat-mincer
饺子机	dumpling maker
和面机	mixer，kneader
搅拌机	mixer
打蛋机	egg beater
榨汁机	juice extractor
马铃薯捣碎机	potato masher
马铃薯切片机	potato chipper
烤盘	baking pan
烤板	baking sheet
蛋糕烤盘	cake pan

烤面包器	toaster
烤箱	oven
冰箱	refrigerator
微波炉	microwave oven
碗柜	cupboard
餐具柜	sideboard
圆模子	ring mould
开瓶刀	bottle opener
量杯	measuring cup
秤	steelyard
木勺	wooden spoon
铲子	pancake turner，slice
刮鳞器	scaler
拔毛器	clipper
砧板	chopping board
面板	bread board
剁刀	mincing knife
砍刀	chopping knife
切刀	kitchen knife
铁扒板	grill
锅	boiler
火锅	chafing dish
煎锅	frying pan
汤锅	pan
少司锅	saucepan
蒸锅	steamer
砂锅	casserole
炖锅	stewing pan
电饭锅	electric cooker
高压锅	pressure cooker
中式炒锅	chinese style fry pan
笼屉	bamboo steamer
粥锅	deep congee pot

四、原料加工

去壳的	shelled
去皮的	skinned
去核	core
切块	chop

解冻	defrost，thaw
切丝的	shred
切丁的	diced，cubed
切段	to cut into pieces
切片的	sliced
切末	mince
切成球形	to cut into balls
剁碎的	minced
捣烂的	mashed
磨碎的	ground
砸碎	crush
剔骨	bone
混合	mix
搅匀	blend
浸泡	steeped
盐腌	salted

五、烹调方法

炒的	stir-fried
炸的	deep fried，fried
煮的	boiled
煨的	simmered
炖的	stewed
熏的	smoked
涮的	instant-boiled
氽的	quick-boiled
卤的	salted in soy sauce
油爆	to scald in the oil
烘烤	baked，roasted
烧烤	barbecued
酒烧	flamc
焖的，烩的	braised
蒸的	steamed
煎的	pan fried
铁扒	grilled
拌	fold
调味	season
肥的	fat
瘦的	lean

硬的	hard
软的	soft
香	fragrant
脆	crisp
酥	short
油腻	oily，rich
清淡	light
浓	thick
甜	sweet
酸	sour
苦	bitter
辣	hot
咸	salty
新鲜	fresh
腥	fishy
膻	the smell of mutton
臭	stinking
勾芡	thickcn
清汤	stock make
热处理	preheat
小火	low heat
中火	moderate heat
大火	high heat
老的	tough
嫩的	tcndcr
生的	raw
热的	hot
温的	warm
冷的	cold
冰的	iced
冻的	frozen
熟透	well-done
半熟	rare
刚熟	medium
过火	overdone
烧焦	burned
腌制	marinate
过凉	refresh
凝固	set

发面	rise
融化	melt
发酵	leaven
揉制	knead

六、烹饪原料

1. 畜类原料

猪肉	pork
肉片	meat slice
肉丁	diced meat
肉丝	shreded meat
肉馅	meat filling
肉末	minced meat
里脊肉	fillet tenderloin
臀肉	rump
排骨	rib，space rib
猪肘	pig shoulder
舌头	tongue
肝	liver
蹄子	trotters
小猪	pigling
乳猪	suckling pig
腰肉	loin
牛肉	beef
小牛肉	veal
上脑	chuck
软肋	flank
牛腰板上部	siriion
外脊、马鞍	saddle
胫肉	shank
腱子	hock
牛腩	brisket
牛尾	oxtail
大腿肉	round
兔子	rabbit
野猪	wild boar
牛肚	ox tripe
羊肉	mutton
羊羔肉	lamb

羊杂	offal
羊头	sheep head
羊肚	tripe
羊排	mutton chop
小腿肉	shin
羊颈肉	scrag
脑子	brain
胰脏（小牛、小羊）	sweetbread
火腿	ham
咸肉、板肉	bacon
腌肉	salted pork
香肠	sausage
大红肠	bologna sausage
小红肠	liver sausage
泥肠	frankfurter
肉泥肠	minced-meat sausage
肉松	meat floss

2. 禽类原料

公鸡	cock
母鸡	hen
鸡肉	chicken
子鸡	spring chicken
鸡爪，凤爪	chicken foot
风鸡	air-dried chicken
母鸭	duck
白鹳	white stork
全鸡	whole chicken
鸡头	chicken head
鸡杂	chicken giblets
鸡肉	chicken
鸡血	chicken blood
鸡肫	gizzard
鸡翅	chicken wing
鸡脯	chicken breast
鸡腿	drumstick
草鸡	local chicken
板鸭	pressed salted duck
家鸭	domestic duck
家禽	fowl，domesticbird

鸭肉	duck
鸭舌	duck tongue
鸭肝	duck liver
鸭肫	duck gizzard
鸭翅	duck wing
鸭脯	duck breast
鸭掌	flippers, webs
野鸭	wild duck
填鸭	stuffcd duck
北京鸭	Beijing duck
鹌鹑	quail
鹅	goose
火鸡	turkey
松鸡	grouse
竹鸡	wood cook
沙鸡	snipe
鹧鸪	partridge
麻雀	sparrow
禾花雀	rice bird
鸽子	dove, pigeon
鸭蛋	duck egg
鹌鹑蛋	quail egg
蛋黄	egg yolk
蛋白	egg white
鲜蛋	fresh egg
咸蛋	salted egg
松花蛋	lime-preserved egg

3. 水产原料

鲤鱼	carp, tench
鲫鱼	silver carp, black carp
鳜鱼	mandarin fish
鲥鱼	chinese herring
鲈鱼	perch
青鱼	herring
带鱼	hair tail fish
鳗鱼	eel
胖头鱼	big head, spotted silver carp
银鱼	white fish
鲳鱼	fret

鳕鱼	cod
鲑鱼	salmon
鳟鱼	trout
金枪鱼	tuna
鲐鱼	mackerel
鲅鱼	spanish mackerel
凤尾鱼	kong tail anchovy
沙丁鱼	sardine
石斑鱼	roach
鲨鱼	shark
比目鱼	plaice sole
鳎目鱼	sole
甲鱼、圆鱼	snapper
鱿鱼	squid
墨鱼	inkfish
章鱼	octopus
咸鱼	salted fish
鱼子	hard roe，roe
鱼翅	shark's fin
鱼肚	fish maw
鱼子酱	caviare
鱼鳞	fish scales
鱼骨	fish bone
大虾	prawns
小虾	shrimps
龙虾	lobster
海米	dried shrimps
湖米	dried lake shrimps
虾干	dried prawns
蛏干	dried clams
海蟹	sea crab
河蟹	river crab
鲍鱼	abalone
牡蛎	oyster
蟹黄	crab roe，crab spawn
蛏、蚶、哈	clam
蛤蜊	cockle
扇贝	scallop
贻贝	mussel

干贝	scallop meat
海蜇	jelly fish
海参	seaweed kelp
燕窝	bird's nest
田鸡	frog
蜗牛	snails
淡水小龙虾	crayfish
海带	kelp
海螺	sea conch
田螺	fresh water snail

4. 蔬菜原料

大白菜	chinese cabbage
圆白菜	cabbage
油菜	rape green vegetable
菜心	cabbage heart
莼菜	water shreld
香菜	parsley
菜花	cauliflower
芹菜	celery
菠菜	spinach
苋菜	amaranth
茼蒿	crown
韭菜	leek
鸡毛菜	small cabbage sprout
空心菜	water spinach
香椿	chinese toon
雪菜	potherb mustard
芥菜	sea kale
茴香	fennel
莴笋	lettuce
竹笋	bamboo shoots
茭白	cane shoots
百合	lily
蒜苗（蒜薹）	garlic shoots
大蒜	garlic
大葱	chinese onion
葱头	onion
姜	ginger
黄瓜	cucumber

冬瓜	winter melon
苦瓜	bitter gourd
西葫芦	bottle gourd
丝瓜	towel gourd
南瓜	pumpkin
茄子	egg-plant
西红柿	tomato
青椒	green pepper
秋葵	okra
藕	lotus root
胡萝卜	carrot
红菜头	beet root
土豆	potato
山药	yam
芋头	taro
萝卜	turnip
豌豆	pea
扁豆	green bean
蚕豆	broad bean
豇豆	cowpea
豆荚	field pea
豆芽	bean sprouts
豆苗	bean seeding
泡菜	pickle
香菇	mushroom
草菇	button mushroom
银耳	silver fungus
猴头蘑	hedgehog fungus
羊肚菌	morel
金针菇	needle mushroom
木耳	agaric

5. 粮食原料

大米	rice
糯米	glutinous rice
粳米	round shaped rice
香米	fragrant rice
小米	millet
面粉	flour
小麦	wheat

大麦	barley
燕麦	oat
黑麦	rye
青稞麦	highland barley
荞麦	buckwheat
豆浆	bean milk
谷麦条	all bran
面条	noodle
意大利通心面	spaghetti
面筋	gluten
玉米	corn
甜嫩玉米	young sweet corn
高粱	kaoliang
西米	sago
大豆	soya bean
红腰豆	red kindey beans
豆沙	sweetened bean paste
豆腐	bean curd
腐竹	skin of soy-bean milk
甘薯	sweet potoato

6. 调料

食用油	edible oil
豆油	soybean oil
花生油	peanuts oil
生菜油	salad oil
菜籽油	rape seed oil
橄榄油	olive oil
棕榈油	palm oil
椰子油	coconut oil
植物油	vegetable oil
黄油	butter
植物黄油	margarine
猪油	lard
食盐	salt
中国酱油	soya sauce
甜面酱	sweet brown sauce
黄豆酱	salted and fermented bean sauce
酱油	sauce
老抽	dark soy sauce

生抽	white soy sauce
辣酱油	worcester sauce
味精	gourmet powder
番茄汁	ketchup，tomato sauce
虾酱	shrimp sauce
鱼酱	anchovy sauce
蛋黄酱	mayonnaise
砂糖	granulated sugar
冰糖	rock sugar
糖浆	syrup
麦芽糖	malt sugar
糖精	saccharine
蜂蜜	honey
巧克力	chocolate
陈醋	old vinegar
红醋	red vinegar
白醋	white vinegar
香醋	aromatic vinegar
红酒醋	red wine vinegar
白酒醋	white wine vinegar
黄酒	yellow wine
清酒	sake
白兰地	brandy
红葡萄酒	red wine
白葡萄酒	white wine
炼乳	condensed milk
奶粉	powdered milk
奶油	cream
干酪	cheese
香草	vanilla
香精	essence
大茴香	ferula
八角	aniseed
桂皮	cinnamon
肉豆蔻	nutmug
丁香	clove
薄荷	peppermint
芥末	mustard
咖喱酱	curry paste

花生酱	peanute butter
蚝油汁	oyster sauce
蘑菇汁	mushroom sauce
黄姜粉	ground turmeric
桂皮粉	cinamon ground
玉桂皮	cassia bark
绿胡椒	green pepper
黑胡椒碎	black pepper cracked
茴香粉	fennel seed
茜子	sage ground
香叶	bay leave
莳萝	dill
它它根	tarragon
法香	basiley
阿里根	oregano
红辣椒	chilli
辣椒粉	cayenne pepper
辣椒酱	chili sauce
红椒粉	paprika powder
松肉粉	meat tenderizer
淀粉	starch

7. 果品原料

柠檬	lemon
橙子	orange
桔子	mandarin orange
桃子	peach
菠萝	pineapple
橄榄	olive
苹果	apple
梨	pear
樱桃	cherry
荔枝	lichee
龙眼	lungan，drangon eye
香蕉	banana
蜜瓜，哈蜜瓜	hami melon
白兰瓜	lanchou melon
西瓜	water melon
香瓜	musk melon
芒果	mango

葡萄	grape
草莓	strewberry
花生	peanut
栗子	chestnut
核桃	walnut
榛子	hazelnut
杏仁	almond
松子	pine kernel
白果	ginkgo
腰果	cashewnut

七、面点

饺子	dumpling
锅贴	minced pot
大饼	chinese pancake
芝麻烧饼	baked sesame seeds cake
油条	dough fritter
馒头	steamed bread
肉包	minced pork
叉烧包	steamed bread stuffed with roasted pork fillet
花卷	steam roll
馄饨	stuffed dumplings
粽子	wrapped in reed
年糕	glutinous rice cake
元宵	sweet dumplings
面包	bread
圆面包	round loaf
面包卷	roll
黑面包	black bread
长面包	long loaf
法国长棍面包	French stick
布丁	pudding
排	pie
蛋糕	cake
蛋卷	egg roll
丹麦酥	Danish pastry